湛江重点行业气象服务技术手册

吴德平　主编

气象出版社
China Meteorological Press

内容简介

湛江天气、气候复杂多变，台风、暴雨、干旱、雷电、强对流及其引发的次生灾害连年不断，是我国灾种多、发生频、危害重的地区。本书内容涵盖了湛江市地理气候概况、灾害天气特征及天气预报经验指标，详细介绍了湛江市气象部门为该市石化行业、钢铁行业、风电行业、农业提供气象服务的新技术和方案。本手册内容翔实、资料丰富，是开展重点行业气象服务的实用参考资料，也对进一步拓展气象服务领域、提高气象服务科技水平有很好的借鉴作用。本书可供湛江市从事气象服务工作的人员和湛江市重点行业的管理人员阅读，也可供其他省、市气象服务人员参考。

图书在版编目（CIP）数据

湛江重点行业气象服务技术手册 / 吴德平主编. --
北京 : 气象出版社, 2023.6
ISBN 978-7-5029-7983-6

Ⅰ. ①湛… Ⅱ. ①吴… Ⅲ. ①气象服务－湛江－技术手册 Ⅳ. ①P451-62

中国国家版本馆CIP数据核字(2023)第103329号

Zhanjiang Zhongdian Hangye Qixiang Fuwu Jishu Shouce

湛江重点行业气象服务技术手册

吴德平　主编

出版发行：气象出版社
地　　址：北京市海淀区中关村南大街 46 号　　邮政编码：100081
电　　话：010-68407112(总编室)　010-68408042(发行部)
网　　址：http://www.qxcbs.com　　E-mail：qxcbs@cma.gov.cn
责任编辑：王元庆　　终　　审：张　斌
责任校对：张硕杰　　责任技编：赵相宁
封面设计：楠竹文化
印　　刷：北京地大彩印有限公司
开　　本：710 mm×1000 mm　1/16　　印　　张：9.75
字　　数：205 千字
版　　次：2023 年 6 月第 1 版　　印　　次：2023 年 6 月第 1 次印刷
定　　价：83.60 元

《湛江重点行业气象服务技术手册》
编 委 会

顾　　问：黄敏辉　池德文　田　波　萧　飞　林　慕

主　　编：吴德平

副 主 编：符靖茹　黄慕亚　靳奎峰

编　　委：陈海亮　黄元丰　文　彬　毛海波　蔡　倩
宋迪灵　劳汉琼　司徒仕尧　陈　赟　李昆飙
梁　晶　钟谢非　于　洲　蔡孙平　李　珵
向　渟　张新新　富海燕　杨春凤　梁晓萍
张琼雄　李晓东　陈智毅　刘晓云

序

在广东全省气象部门深入学习领会习近平总书记对气象工作、防灾减灾救灾工作重要指示批示精神，全面贯彻落实《国务院关于印发气象高质量发展纲要（2022—2035年）的通知》《广东省人民政府关于印发广东省加快推进气象高质量发展实施意见的通知》精神，努力构建科技领先、监测精密、预报精准、服务精细、人民满意的现代气象体系，全方位保障生命安全、生产发展、生活富裕、生态良好的形势下，湛江市气象局组织专家编写《湛江重点行业气象服务技术手册》（简称《手册》），是一件十分有意义的工作。《手册》的出版，有助于全面推进湛江重点行业气象防灾减灾第一道防线先行示范市建设，全面提升气象服务及气象灾害防御能力，为湛江市全力建设省域副中心城市、加快打造现代化沿海经济带重要发展极提供坚实有力的气象保障。

湛江市位于中国大陆最南端，地处低纬度地区，东濒南海、南隔琼州海峡与海南岛相望，西临北部湾，气候资源丰富，具有发展石化、钢铁、港口、风电、特色作物和水产养殖等产业的得天独厚优势。但湛江位于海陆交界地带，地形、地貌独特，既受中纬度天气系统的影响，也受热带天气系统的影响，天气、气候复杂多变，台风、暴雨、干旱、雷电、强对流及其引发的次生灾害连年不断，是中国灾种多、发生频、危害重的地区。气象灾害已成为湛江市经济可持续发展和实现高质量发展的制约因素之一。

湛江市是广东省气象局、湛江市人民政府共同推进重点行业气象防灾减灾第一道防线先行示范市。湛江市气象局在贯彻落实先行示范市建设中，全面推进石化、钢铁、港口、现代农业、自然资源开发利用等重点行业气象防灾减灾服务保障体系建设，研发重点行业气象灾害风险指标和致灾阈值，建设精细化气象服务系统，有效提升重点行业气象防灾减灾保障能力。在此基础上，湛江市气象局组织专家总结凝练，编撰了《手册》。这是湛江市气象局推进重点行业气象防灾减灾第一道防线先行示范市建设的具体举措，更是增强现代经济体系气象服务能力的创新实践。

《手册》涵盖了湛江市地理气候概况、灾害天气特征及预报经验指标、气象服务新技术和行业气象服务指标体系。其资料翔实，内容丰富，是开展重点行业气象服务不可多得的一本好书，对进一步拓展气象服务领域、提高气象服务科技水平有很好的参考作用。为此，我谨向《手册》的编者和出版社表示衷心的感谢！

广东省气象局专业技术总师　二级研究员

（杜尧东）

2023年3月于广州

前　言

湛江市位于中国大陆最南端，地处低纬度，地形、地貌独特，三面临海，具有明显的热带海洋和季风气候特征，受天气因素影响较多，天气复杂，变化剧烈，一年四季气象灾害频繁，常年受台风、暴雨、强对流、高温、大雾、干旱等气象灾害袭扰，给人们生活、工农业生产、经济发展带来很大影响。

气象服务是气象事业的立业之本，是气象工作的出发点和归宿，是连接气象工作与经济社会的重要桥梁。湛江市是全国首批对外开放的沿海城市，典型的以沿海经济带动区域发展的城市。近年来，湛江市抓住发展机遇，全力建设省域副中心城市，加快打造现代化沿海经济带重要发展极。建设沿海深水大港，强化基础设施建设和临港产业布局，发展临海现代制造业、滨海旅游业、现代海洋渔业、临海能源等产业，实现港口、产业互动发展新格局，打造世界级钢铁、石化产业集群，先后落地了湛江钢铁、中科炼化、巴斯夫等一批大型现代化企业，对气象服务提出了更及时、更精准、更精细的要求。随着气象服务企业数量和个性化气象服务需求增多，传统的气象预报服务已经无法满足现实的需要。

完善重点行业气象防灾减灾服务保障体系，推进石化、钢铁、港口、渔业、现代农业、自然资源开发利用等重点行业气象防灾减灾服务保障体系建设，研发气象灾害对重点行业的影响阈值，建设精细化气象服务系统，有效提升重点行业气象防灾减灾保障能力，是广东省气象局、湛江市人民政府共同推进湛江市重点行业气象防灾减灾第一道防线先行示范市建设战略目标和任务之一。在新形势和新需求下，气象服务向气象灾害防御的进一步延伸是防灾减灾和应对气候变化的必然要求，迫切需要各级气象部门和广大气象工作者不断提高气象预测预报能力、气象防灾减灾能力、应对气候变化能力、开发利用气候资源能力，完善气象防灾减灾服务保障体系，提升气象防灾减灾保障能力。

为完善湛江市重点行业气象防灾、减灾服务保障体系，奋力推进湛江重点行业气象防灾减灾第一道防线先行示范市建设，扎实做到“监测精密、预报精准、服务精细”，推动“十四五”期间湛江气象事业高质量发展，为湛江全力建设省域副中心城市、加快打造现代化沿海经济带重要发展极提供坚实有力的气象服务保障，湛江市气象局组织专家编撰了《湛江重点行业气象服务技术手册》(简称《手册》)。

《手册》涵盖了湛江市地理气候概况、气象服务新技术和行业气象服务指标体系,概述了湛江市地理气候概况,总结了灾害天气特征及预报经验指标,介绍了湛江石化、钢铁、港口、风电等重点行业的气象服务阈值指标、气象灾害防御措施、气象服务周年方案及气象服务系统。《手册》不仅体现了湛江重点行业气象服务的新技术、新方法、新趋势,更是气象服务人员日常开展气象服务工作的指导手册。

《手册》是集体努力的结晶,共 8 章。吴德平、符靖茹、黄慕亚、靳奎峰负责《手册》的内容设计、编写组织和文稿审定等工作。参加编写的主要人员按其编写章节排列如下:1.1 节、1.2 节、2.2 节由黄慕亚编写;1.3 节、2.1 节、2.3 节和第 4 章、6 章、8 章由吴德平编写;2.4 节、2.9 节和第 7 章由符靖茹、靳奎峰编写;2.5 节、2.6 节由陈海亮编写;2.7 节由文彬编写;2.8 节由宋迪灵编写;第 3 章由毛海波、梁晶编写;第 5 章由黄元丰、靳奎峰、蔡倩编写。另外,劳汉琼、司徒仕尧、陈赟、李昆飙、钟谢非、于洲、蔡孙平、李理、向渟、张新新、杨春凤、富海燕、梁晓萍、张琼雄、李晓东、陈智毅、刘晓云等参与了部分编写工作。

广东省气候中心杜尧东总工程师审阅了《手册》全稿,并提出了宝贵修改意见,对此十分感谢!

在《手册》撰写过程中,参考了他人许多研究成果,参考文献中所列的成果可能还不齐全,敬请有关作者谅解,在此也深表谢意!

由于《手册》编写组人员水平有限,编写时间仓促,故错漏之处在所难免,恳请广大读者和同行专家批评指正!

《湛江重点行业气象服务技术手册》编写组

2022 年 9 月

目　录

第1章

湛江地理概况

1.1 湛江行政区

湛江市位于中国大陆最南端，广东省西南部，东经 109°40′—110°58′，北纬 20°13′—21°57′，包括整个雷州半岛及半岛以北的一部分地区；地处粤、桂、琼三省（区）交界处，东濒南海、南隔琼州海峡与海南岛相望，西临北部湾，背靠中国大西南。

湛江市旧称“广州湾”，别称“港城”，是广东省辖地级市，下辖四区五县（市）（表 1.1）：赤坎区、霞山区、坡头区、麻章区、徐闻县、遂溪县、雷州市、廉江市、吴川市；共有 82 个镇、2 个乡、37 个街道；常住人口 703.09 万，位居广东省人口第五位。

湛江市是广东省政府定位的省域副中心城市，是粤西和北部湾经济圈的中心，是中国大陆通往东南亚、欧洲、非洲和大洋洲航程最短的港口城市，1984 年全国首批 14 个沿海开放城市之一，拥有 1 个国家级经济技术开发区和 12 个省级以上工业园区（试验区、工业区）。

表 1.1 湛江市行政区域划分（截至 2021 年 12 月 31 日）

区（县、市）	面积（km^2）	下辖地区
赤坎区	62	中华街道、寸金街道、民主街道、中山街道、沙湾街道、调顺街道、南桥街道、北桥街道
霞山区	114	解放街道、爱国街道、工农街道、友谊街道、新兴街道、海滨街道、建设街道、东新街道、新园街道、海头街道、泉庄街道、乐华街道
坡头区	565	南调街道、麻斜街道、南三镇、坡头镇、乾塘镇、龙头镇、官渡镇
麻章区	964	东山街道、东简街道、民安街道、麻章镇、太平镇、湖光镇、硇洲镇
廉江市	2867	罗州街道、城南街道、城北街道、石城镇、新民镇、吉水镇、河唇镇、石角镇、良垌镇、横山镇、安铺镇、营仔镇、青平镇、车板镇、高桥镇、石岭镇、雅塘镇、石颈镇、长山镇、塘蓬镇、和寮镇

续表

区(县、市)	面积(km^2)	下辖地区
雷州市	3709	雷城街道、西湖街道、新城街道、白沙镇、沈塘镇、客路镇、杨家镇、唐家镇、企水镇、纪家镇、松竹镇、南兴镇、雷高镇、东里镇、调风镇、龙门镇、英利镇、北和镇、乌石镇、覃斗镇、附城镇
吴川市	870	梅菉街道、塘尾街道、大山江街道、博铺街道、海滨街道、浅水镇、长岐镇、覃巴镇、王村港镇、振文镇、樟铺镇、吴阳镇、塘缀镇、黄坡镇、兰石镇
遂溪县	2132	遂城镇、黄略镇、洋青镇、界炮镇、乐民镇、江洪镇、杨柑镇、城月镇、乌塘镇、建新镇、岭北镇、北坡镇、港门镇、草潭镇、河头镇
徐闻县	1980	徐城街道、迈陈镇、海安镇、曲界镇、前山镇、西连镇、下桥镇、龙塘镇、下洋镇、锦和镇、和安镇、新寮镇、南山镇、城北乡、角尾乡

1.2 湛江地理环境

1.2.1 地形地貌

湛江市包括整个雷州半岛及半岛以北的一部分地区，南北长约 130 km、东西宽 40～70 km，总面积 13263 km^2，多为平原和丘陵，平原占 66%，丘陵占 30.6%，山区占 3.4%，陆地水面(水库、山塘、池塘、江河等)占 6.4%。

湛江市地势大致是龟背地形，南北高而中间低，起伏和缓(图 1.1)。地势最高为廉江市北部，以海拔 80～250 m 的低丘陵为主，最高峰双峰嶂海拔 384 m；遂溪境内螺岗岭海拔 223 m；雷州与徐闻接壤的仕礼岭(海拔 226 m)、石卯岭(海拔 259 m)、石板岭(海拔 245 m)组成的丘陵地带是南部地势的最高点。其余山地多呈扁馒头形小山丘，沟谷较宽，丘陵疏矮，起伏不大，坡度 8°～15°，相对高度在 30 m 以下，海拔高度多在 50～100 m，少数达 150 m。

湛江市三面临海，海岸线总长 2023.6 km(大陆海岸线 1243.7 km，岛岸线 779.9 km)；岛屿众多，主要岛屿有东海岛、南三岛、硇洲岛、特呈岛、调顺岛、东头山岛、南屏岛等，其中，东海岛面积达 289 km^2，是中国第五大岛屿；南三岛面积 164 km^2，是中国第七大岛屿。

1.2.2 江河水库

湛江市境内河流较多，但大部分源流短，水量小，水位落差不大。集水面积大于 1000 km^2 的河流有：鉴江、九洲江、南渡河、遂溪河；集水面积大于 100 km^2 干支流 40 条，单独流入海的 22 条。

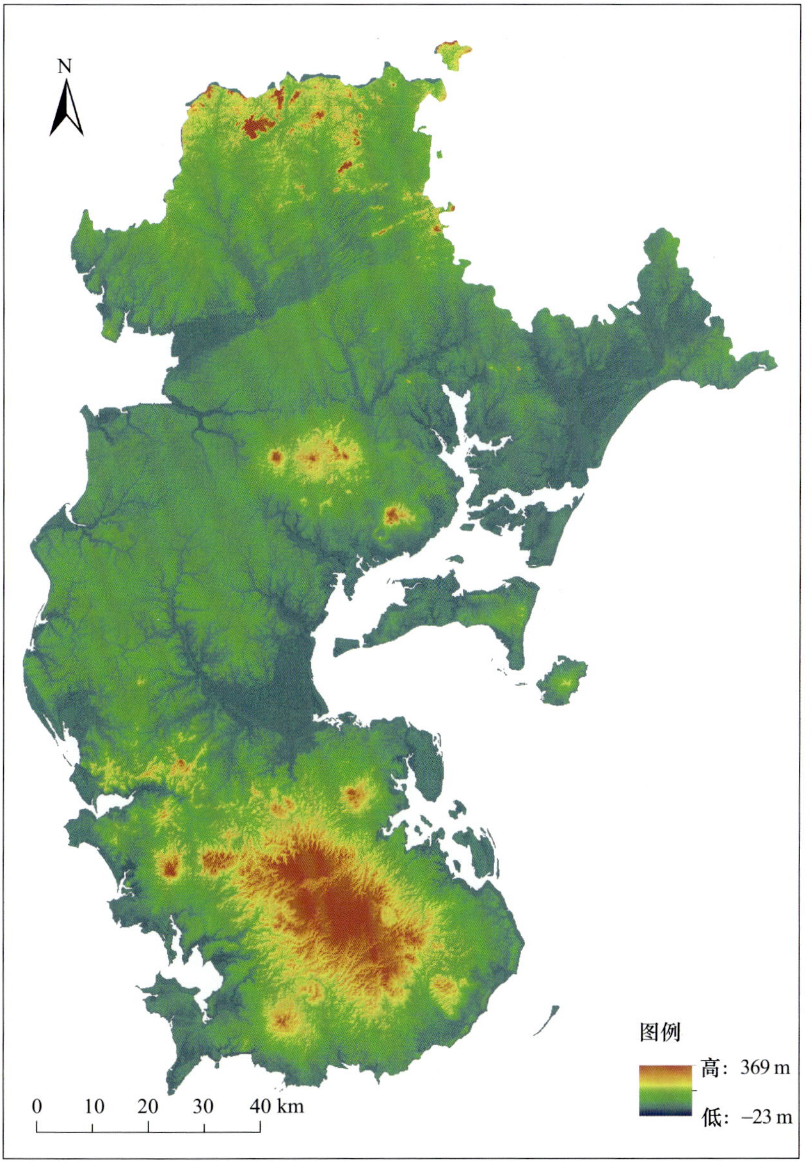

图 1.1　湛江市地形

湛江市建有大、中型水库共 26 座，大型水库有：鹤地水库、长青水库、大水桥水库。鹤地水库是综合性的国家（Ⅰ）型水利枢纽工程和雷州青年运河灌区水源工程，拦截九洲江而成，最大水面面积 122 km^2，总库容 11.44 亿 m^3；承担着湛江 9.73 万 hm^2 农田灌溉和近 400 万人的生产、生活用水，是湛江的大水缸，被誉为湛江人民的“母亲湖”。

1.3 湛江重点行业

湛江市地处粤、桂、琼三省(区)交界处,区域优势明显,是全国首批对外开放沿海城市,典型的以沿海经济带动区域发展的市。近年来,湛江市抓住发展机遇,全力建设省域副中心城市,加快打造现代化沿海经济带重要发展极。建设沿海深水大港,强化基础设施建设和临港产业布局,发展临海现代制造业、滨海旅游业、现代海洋渔业、临海能源等产业,实现港口、产业互动发展新格局,打造世界级钢铁、石化产业集群。

1.3.1 工业布局

湛江市共有省级以上工业园区 26 个,数量位居广东省前列(表 1.2)。国家级开发区 1 个,省级开发区 9 个,国家级高新区 1 个,省级高新区 1 个,省产业园 8 个,省产业聚集地 6 个。剔除牌子重叠部分,实际省级以上工业园区 12 个。其中,超 1 万亩①园区 4 个,产值超百亿园区 4 个,初步形成以湛江产业园为核心,其余园区为拓展带、升级带和服务带的"一核三带"发展格局。

表 1.2 湛江市省级以上工业园区(截至 2020 年 12 月 31 日)

园区级别	个数	园区名单
国家级开发区	1	湛江经济技术开发区
省级开发区	9	麻章经济开发区、廉江经济开发区、吴川经济开发区、徐闻经济开发区、广东湛江临港工业园区、雷州经济技术开发区、广东遂溪县产业转移工业园区、坡头科技产业园区、广东奋勇东盟产业园
国家级高新区	1	湛江高新技术产业开发区
省级高新区	1	湛江廉江高新技术产业开发区
省级产业转移工业园	8	湛江产业转移工业园、佛山顺德(廉江)产业转移工业园、吴川华昱产业转移工业园、霞山临港产业转移工业园、徐闻产业转移工业园、湛江坡头产业转移工业园、遂溪产业转移工业园、湛江奋勇产业转移工业园
省级产业集聚地	6	雷州市产业转移集聚地、徐闻生态工业集聚地、吴川市产业转移集聚地、廉江产业转移集聚地、湛江经开区产业转移集聚地、麻章产业转移集聚地

湛江经济技术开发区是国家级开发区,由建成区(原湛江经济技术开发区)及东海岛、硇洲岛、东头山岛和南屏岛等区域组成,面积 495.04 km^2。上海宝钢、中国石

① 1 亩=666.67 m^2。

化、巴斯夫等世界 500 强企业先后落户东海岛，东海岛已成为多个千亿级产业集群的主战场，逐渐发展成为现代化世界级临港产业集聚基地(图 1.2)。

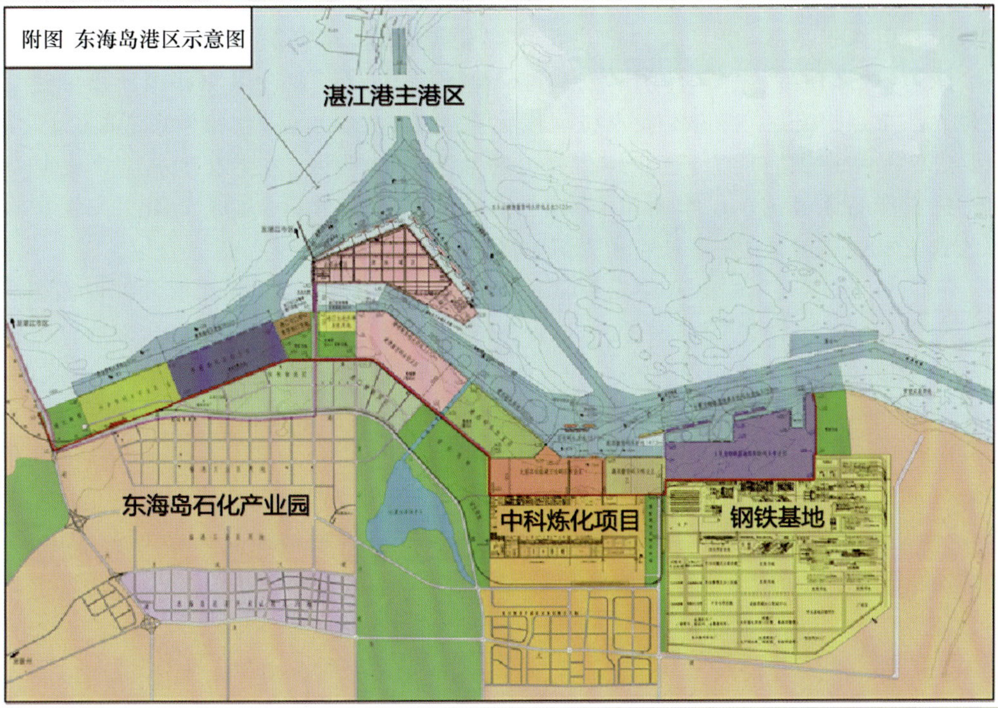

图 1.2 东海岛港区示意图

湛江市以宝钢湛江钢铁基地项目、中科炼化一体化基地项目和巴斯夫基地项目为龙头带动，以东海岛片区、雷州奋勇片区为重点，规划建设约 620 km^2 的临港大型产业集聚区，以广东省沿海经济带制造业高质量发展示范区为建设目标，发展绿色钢铁、绿色石化、先进材料、汽车、高端装备、绿色能源、前沿新材料和现代农业与食品等 8 个重点产业。到"十四五"期末，引进若干个百亿级龙头项目，形成 2～3 个千亿级产业集群，实现工业总产值 3000 亿元以上，年均增长约 25%；实现工业增加值约 820 亿元。

1.3.2 农业布局

湛江市是广东省农业大市，农业用地近 1500 万亩，其中耕地面积 700 多万亩，高标准农田超过 400 万亩。2020 年粮食总产量达到 148.39 万 t，"菜篮子"产品供应充足，特色水果产量在全国全省均位居前列；省级以上现代农业产业园有 21 个，农业龙头企业有 214 家。

湛江"十四五"农业规划区域布局坚持乡村振兴和新型城镇化双轮驱动，按照加强与海南相向而行、全力参与共建西部陆海新通道、积极服务对接“双区”建设、强化与北部湾城市群协同发展等重大区域战略衔接要求，优化乡村生产、生活、生态空间，分类分区有序推进乡村发展。以赤坎区、霞山区、麻章区、坡头区、湛江经开区等作为中部引领带动区，重点大力推进都市农业现代化，建设提升“菜篮子”产品安全供给能力，做强种苗、旅游、休闲、体验、健康等新兴农业产业。以北部廉江市和遂溪县为北部重点提升区，打造农业农村现代化重点提升区域。强化粮食和“菜篮子”等重要农产品生产供应能力，重点建设提升粮食生产功能区、重要农产品生产保护区和特色农产品优势区。以雷州市、徐闻县为南部生态优化区，建成全国生态保护和绿色农业发展试验区、农业对外开放试验区。

湛江的“十四五”规划中，稳定粮食种植面积420万亩以上，确保粮食种植面积居广东全省首位。突出抓好水稻生产，确保水稻面积稳定在320万亩以上，以廉江九洲江两岸、雷州东西洋、吴川鉴江平原和遂溪东西部沿海围田水稻主产区为重点区域。建设全国北运菜生产供应基地，到2025年，蔬菜种植面积稳定在220万亩，产量超过400万t。建设热带、亚热带水果产业基地，建成菠萝、荔枝、龙眼、香蕉、红橙、火龙果等特色水果产业带，重点创建一批智能化精品果园，突出红橙、菠萝、芒果、荔枝、香蕉、火龙果等粤西特色优势品种，提升热带、亚热带水果种植质量效益与竞争力，到2025年，热带、南亚热带水果种植面积扩大至200万亩，总产量超过350万t。

参考文献

广东省人民政府办公厅网，2022. 广东省人民政府关于印发广东省沿海经济带综合发展规划（2017—2030年）的通知，[EB/OL]. http://www.gd.gov.cn/gkmlpt/content/0/146/post_146463.html? jump=false#7.

刘国军，陈薇伊，2022. 高质量发展视域下湛江产业集聚区创新管理模式的对策研究[J]. 广东经济(1):34-43.

吕庆芳，2012. 南菜北运产业发展的现状、问题及对策[J]. 产业发展，46(3):21-24.

湛江市年鉴编纂委员会，2017. 湛江年鉴2017[M]. 广州:广东人民出版社.

湛江市年鉴编纂委员会，2021. 湛江年鉴2021[M]. 郑州:中州古籍出版社.

湛江市人民政府，2022. 湛江市农业农村现代化“十四五”规划[Z]. www.zhanjiang.gov.cn/zwgk/zfgb/2022/content/post_1690620.html.

湛江市人民政府网，2022. 湛江大型产业集聚区建设如火如荼[EB/OL]. https://www.zhanjiang.gov.cn/zjsfw/gab/jryw/content/post_1613183.html.

湛江市人民政府网，2022. 湛江概况[EB/OL]. https://www.zhanjiang.gov.cn/mlzj/zjgk/content/post_1300793.html.

张羽，2021. 广东省气候资源及其合理开发利用[M]. 北京:气象出版社.

第2章

湛江天气气候特征

2.1 气候概况

2.1.1 气候类型

湛江地处北回归线以南的低纬度地区，三面临海，属于热带北缘季风气候，终年受海洋性气候调节，雨量丰沛，冬无严寒，夏无酷暑。年平均雨量 1395.5～1723.1 mm，4—9 月为多雨季，8 月降雨量最多，10 月—次年 3 月雨量较少；年平均气温在 22.7～23.5 ℃，由北向南递增，南北相差 1.5 ℃；年平均日照时数 1714.8～2038.2 h。湛江气象灾害频繁，常年受台风、暴雨、强对流、高温、大雾、干旱等气象灾害袭扰，给人们生活和工农业生产带来很大影响。

2.1.2 长夏无冬

湛江各地月平均气温均大于 15 ℃，按气象学一年四季划分标准(月平均气温 10 ℃以下为冬季、22 ℃以上为夏季、10～22 ℃之间为春季和秋季)，湛江没有严格意义上的冬季，4 月上旬至 11 月上旬为夏季，11 月中旬至次年 3 月下旬为秋季和春季。因此，可以说湛江是长夏无冬。而按通常习惯，还是把 3—4 月、5—9 月、10—11 月、12 月—次年 2 月分别划为湛江春、夏、秋、冬四季。

2.1.2.1 春季

每年 3—4 月，湛江冬去春回，平均气温在 18～23 ℃，天气舒适，凉暖宜人，穿棉麻面料的衬衫、薄长裙、薄 T 恤等清凉透气的衣服即可出行。春雨绵绵，常有低温阴雨天气出现；雨季来迟之年常见春旱。

2.1.2.2 夏季

每年 5—9 月，湛江受海洋性暖湿气团控制，盛行东南风，台风、暴雨、强对流、雷暴、雷雨大风等灾害天气频发。台风灾害严重，夏季登陆或影响的台风占全年影响台风的 86%；暴雨频繁，出现次数占全年暴雨总次数的 77%，前汛期(4—6 月)以锋面暴雨为主，后汛期(7—9 月)以台风暴雨为主；天气炎热，年极端高温为 38.0～38.9 ℃；强对流天气旺盛，往往午后雷雨交加，有时伴有龙卷、大风及冰雹，雷暴日占全年出现总数的 81%～86%。

2.1.2.3 秋季

每年 10—11 月，湛江逐渐转受大陆性干冷气团控制，东北季风转强，主要风向由偏东逐渐转为偏北；干燥、少雨、晴天多，最小相对湿度 11%～26%，雨量占全年雨量的 7%～15%；在冷空气影响下，有 29%～53%的年份出现 3～5 d 寒露风天气；当秋季台风少或秋季台风降雨不充沛时，常发生秋旱。

2.1.2.4 冬季

每年 12 月—次年 2 月，湛江主要盛行偏北风，冷空气活动频繁；初冬(12 月—次年 1 月)干冷多晴天，各地极端最低气温为−1.4～3.0 ℃，偶有霜冻出现；晚冬(2 月)湿冷多阴雨，常出现低温阴雨天气。

2.2 气象要素特征

2.2.1 降水

湛江雨量丰沛，由于受季风气候以及境内地形、地势的影响，降水时、空分布不均，旱涝分明。

2.2.1.1 年降水量

湛江全市年平均降水量为 1619.38 mm(1991—2020 年)，但不同年份的降水量相差很大，最涝年平均降水量 2232.2 mm(2002 年)，最旱年平均降雨量 1150.4 mm(2004 年)，相差近 1082 mm，具有明显的年际变化(图 2.1)。

受天气系统、地形地貌等多种因素影响，湛江各地年降水量的空间分布很不均匀，地区之间差异大(图 2.2)。湛江各地年降水量在 769.7～2656.3 mm，徐闻录得最小年降雨量 769.7 mm(2005 年)，吴川录得最大年降雨量 2656.3 mm(2002 年)。

湛江各地年均降水量呈北多南少的分布特征，最多地区是北部廉江，达 1761.3 mm，最少地区是南部的徐闻，仅 1381.0 mm(图 2.3)。

2.2.1.2 月降水量

湛江全市月平均降雨量 136.0 mm，各地月平均降水量的分布也很不均匀，各月之间差异很大(图 2.4)，8 月最多，1 月最少，具有明显的月变化。按汛期(4—9 月)和非汛期(10—12 月、1—3 月)两个时段来统计分析，汛期降水量占全年总降水量的 80%，非汛期降水量占全年总降水量的 20%，汛期降水量是非汛期降水量的 4 倍，旱涝季节分明；若秋季台风影响偏少，水库蓄水不足，湛江常出现秋旱、冬旱、春旱等季节性干旱，有时甚至出现严重的秋、冬、春连旱。最大月平均降水量出现在雷州，达 336.3 mm(8 月)，最小出现在徐闻，仅 11.8 mm(1 月)。

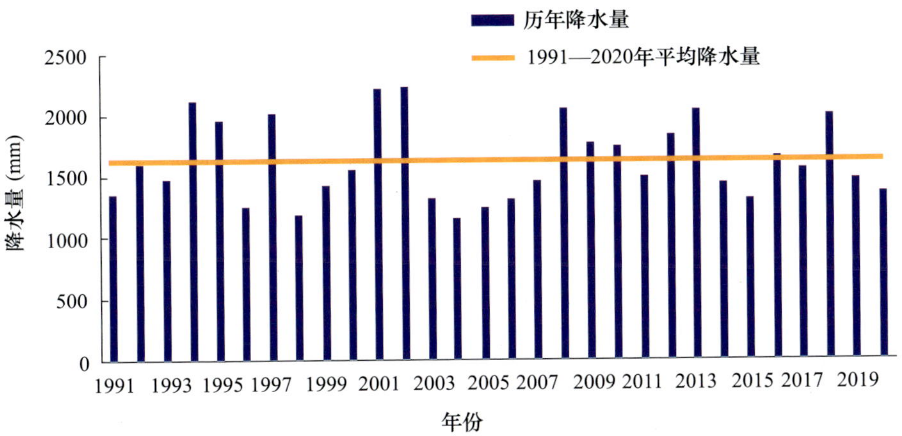

图 2.1　湛江全市年平均降雨量(1991—2020 年)

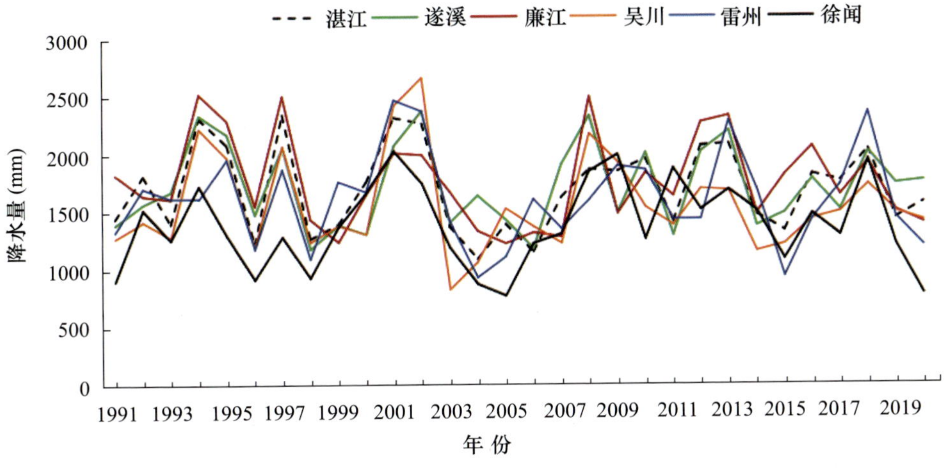

图 2.2　湛江各地年降雨量(1991—2020 年)

2.2.1.3　降水量极值

湛江各地降雨量极值存在很大差异(表 2.1)，最大年降水量出现在雷州，为 2696.7 mm(1985 年)；最小年降水量出现在湛江市区，为 741.5 mm(1955 年)；最大月降水量出现在雷州，为 1048.0 mm(1985 年 8 月)；最大日降水量出现在廉江，为 523.5 mm(1994 年 6 月 9 日)；最大时雨量出现在湛江市区，达 157.5 mm(2000 年 5 月 9 日 17 时)。

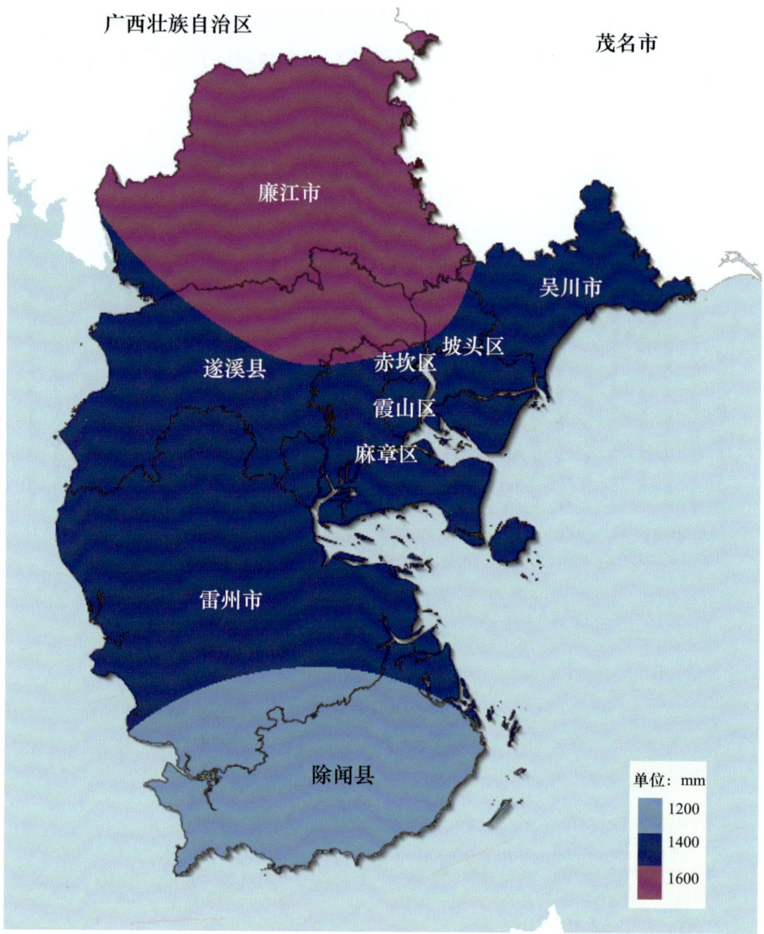

图 2.3　湛江各地降雨分布(1991—2020 年)

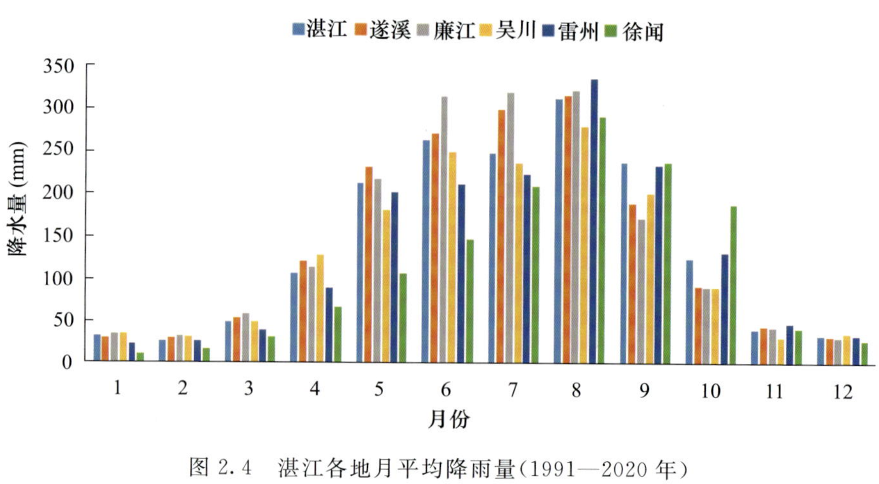

图 2.4　湛江各地月平均降雨量(1991—2020 年)

表 2.1 湛江各地降雨量极值(1950—2020 年)

	湛江市区	遂溪	廉江	吴川	雷州	徐闻
最大年降水量(mm)	2411.3	2534.8	2539.7	2656.3	2696.7	2134.1
出现年份	1985	1981	1985	2002	1985	1985
最小年降水量(mm)	741.5	1175.8	929.7	820.7	924.4	769.7
出现年份	1955	1998	1977	2003	2004	2005
最大月降水量(mm)	907.0	843.7	982.4	820.2	1048.0	728.8
出现时间(年.月)	1985.8	1985.8	1985.8	1994.7	1985.8	1985.9
最大日降水量(mm)	417.1	434.0	523.5	361.2	361.0	471.5
出现时间(年.月.日)	2008.8.7	1980.6.3	1994.6.9	1973.8.12	2013.8.15	1960.6.30

2.2.2 气温

2.2.2.1 年平均气温

年平均气温可视为全年热量状况的总标志。根据气象资料统计(图 2.5),湛江全市年平均气温为 23.6 ℃;历年最高年平均气温 24.7 ℃(2019 年),最低年平均气温 22.4 ℃(2011 年),最暖年与最冷年平均气温相差达 2.3 ℃。

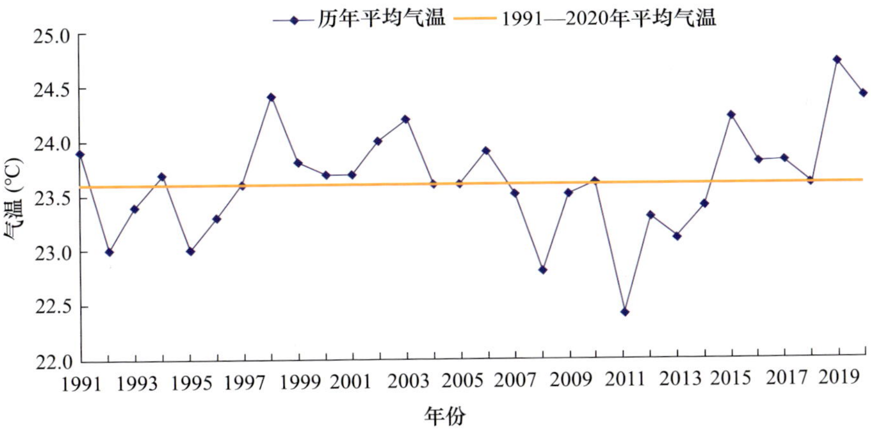

图 2.5 湛江全市年平均气温(1991—2020 年)

湛江各地年平均气温在 22.1～25.7 ℃,纬向差异明显,南高北低,高值区在南部的徐闻,年平均气温在 23.1～25.7 ℃;低值区在北部的遂溪,年平均气温在 22.1～24.4 ℃(图 2.6)。

2.2.2.2 月平均气温

湛江全市月平均气温变化呈现单峰型(图 2.7),最低气温出现在 1 月 16.1 ℃,最高气温出现在 7 月 28.8 ℃,气温月较差为 12.7 ℃。

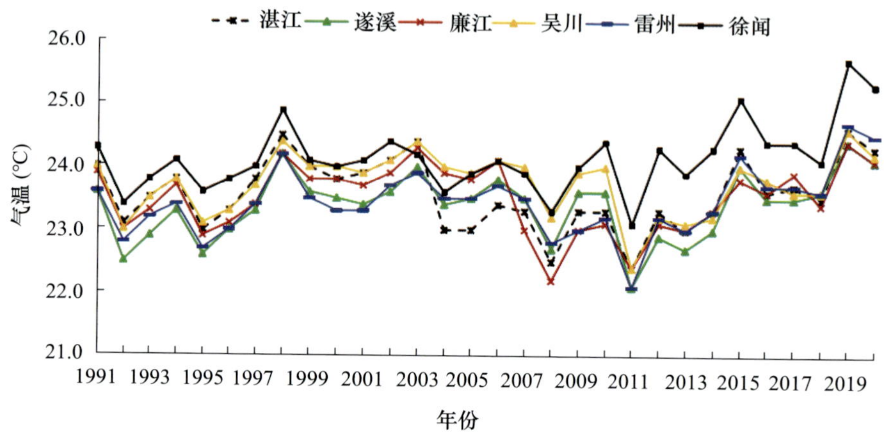

图 2.6　湛江各地年平均气温(1991—2020 年)

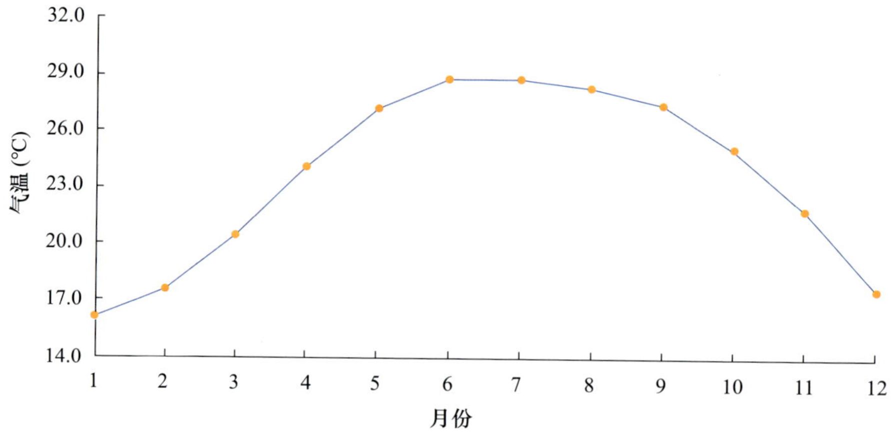

图 2.7　湛江月平均气温(1991—2020 年)

据湛江各地月平均气温统计(图 2.8),1 月是一年中最低的月份,月平均气温 15.5～17.2 ℃;6 月是一年中最高的月份,月平均气温 28.6～29.1 ℃。历年最高月平均气温在徐闻,为 29.1 ℃(6 月),历年最低月平均气温在廉江,为 15.5 ℃(1 月)。

2.2.2.3　气温极值

据历史资料统计(表 2.2),最高年平均气温出现在徐闻,为 25.7 ℃(2019 年);最低年平均气温出现在廉江(1962 年)、遂溪和雷州(2011 年),为 22.1 ℃。最高月平均气温出现在徐闻,为 30.8 ℃(2020 年 7 月);最低的月平均气温出现在遂溪,为 10.4 ℃(1968 年 2 月)。最高气温出现在遂溪,为 38.9 ℃(2015 年 7 月 3 日);最低气温出现在遂溪,为－1.4 ℃(1967 年 1 月 17 日)。

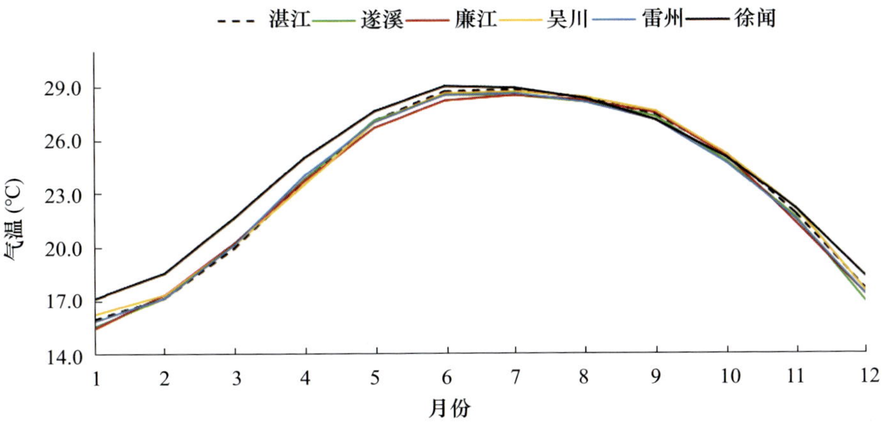

图 2.8　湛江各地月平均气温(1991—2020 年)

表 2.2　湛江各地气温极值(1950—2020 年)

	湛江市区	遂溪	廉江	吴川	雷州	徐闻
最高年平均气温(℃)	24.6	24.4	24.4	24.6	24.7	25.7
出现年份	2019	2019	2019	2019	2019	2019
最低年平均气温(℃)	22.4	22.1	22.1	22.4	22.1	22.7
出现年份	2011	2011	1962	2011	2011	1971
最高月平均气温(℃)	30.3	29.9	29.9	29.8	30.5	30.8
出现时间(年.月)	1954.7	2020.7	2020.7	2007.7	2020.6	2020.7
最低月平均气温(℃)	10.9	10.4	10.5	10.8	10.9	12.1
出现时间(年.月)	1968.2	1968.2	1968.2	1968.2	1968.2	1968.2
历史最高气温(℃)	38.4	38.9	38.0	38.5	38.7	38.8
出现时间(年.月.日)	2015.5.30	2015.7.3	2005.7.19	1990.8.23	2015.5.30	1958.5.10
历史最低气温(℃)	2.7	−1.4	1.5	2.7	2.4	2.2
出现时间(年.月.日)	2016.1.25	1967.1.17	1963.1.15	1967.1.17	1999.12.23	1967.1.17

2.2.3　风

2.2.3.1　年平均风速

湛江全市年平均风速 2.0～3.5 m/s(图 2.9),东风和北风平均风速最大,均为 3.5 m/s,西风风速最小,为 2.0 m/s。

2.2.3.2　风向频率

湛江全市年主导风是偏东风,冬半年以偏北风为主,夏半年以东南风为主(图 2.10)。偏东风出现频率占 46%,偏北风出现频率占 23%,偏南风出现频率占

8%,偏西风出现频率占5%。

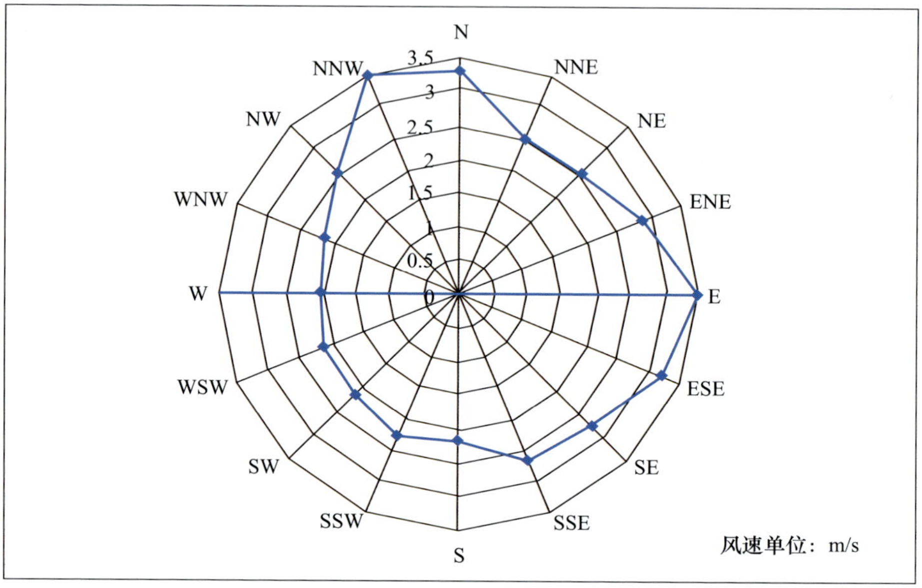

图2.9　湛江全市年平均风速玫瑰图(2016—2021年)

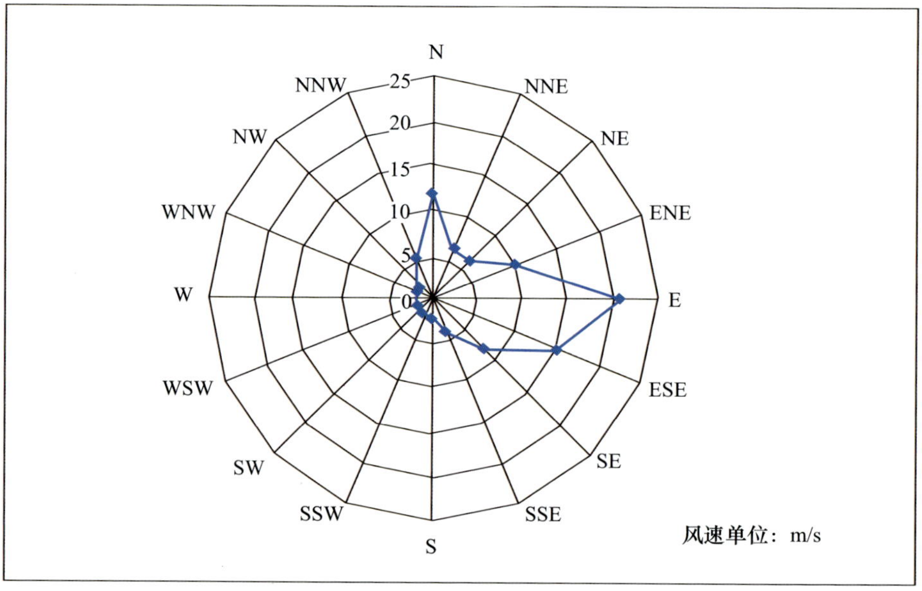

图2.10　湛江全市风向玫瑰图(2016—2021年)

2.2.3.3　风速极值

2015年10月4日14时10分,1522号台风“彩虹”在湛江坡头区沿海登陆,登陆时中心附近最大风力 16 级(52 m/s)。湛江三岭山自动气象站录得平均风力 15 级(46.4 m/s),极大风速大于 17 级(67.2 m/s)。

2.2.4 日照

2.2.4.1 年日照时数

湛江全市年平均日照时数为 1946.5 h,最多年平均日照时数 2288.9 h(2003 年),最少年平均日照时数有 1721.9 h(2012 年),最多年与最少年相差近 567 h(图 2.11)。

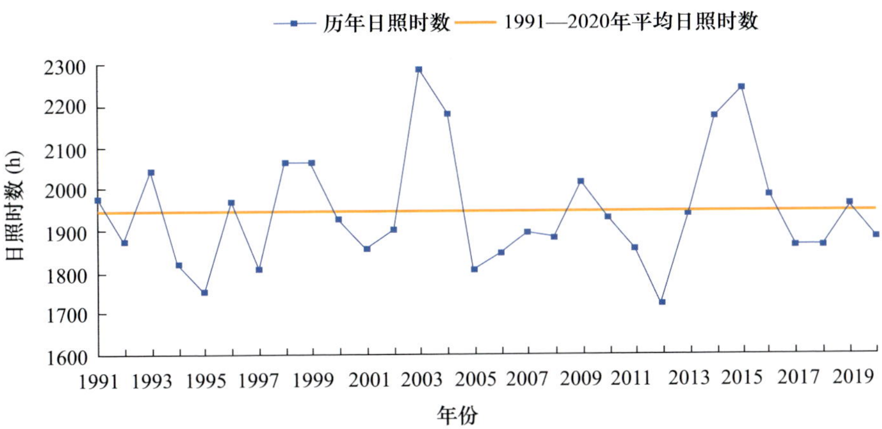

图 2.11 湛江全市年平均日照时数(1991—2020 年)

湛江各地年日照时数基本上呈现南部沿海多、北部内陆少的空间分布。高值区在南部的徐闻,历年平均日照时数 2095.5 h;低值区在北部的廉江,历年平均日照时数 1774.5 h;历年最多年日照时数为 2510.5 h(2003 年),最少年日照时数为 1315.8 h(2018 年),均出现在遂溪(图 2.12)。

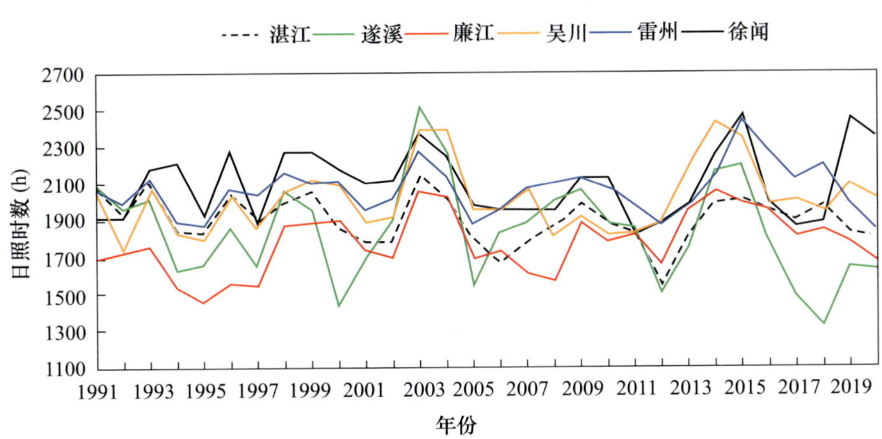

图 2.12 湛江各地年日照时数(1991—2020 年)

2.2.4.2 月日照时数

湛江各地月平均日照时数呈单峰型(图 2.13)。3 月是一年中最少日照的月份，月平均日照时数 71.8～140.3 h;7 月是一年中最多日照的月份，月平均日照时数 199.5～242.5 h。最多月日照时数出现在徐闻，为 333.2 h(2021 年 5 月);最少月日照时数出现在湛江，为 19.5 h(2012 年 1 月)。

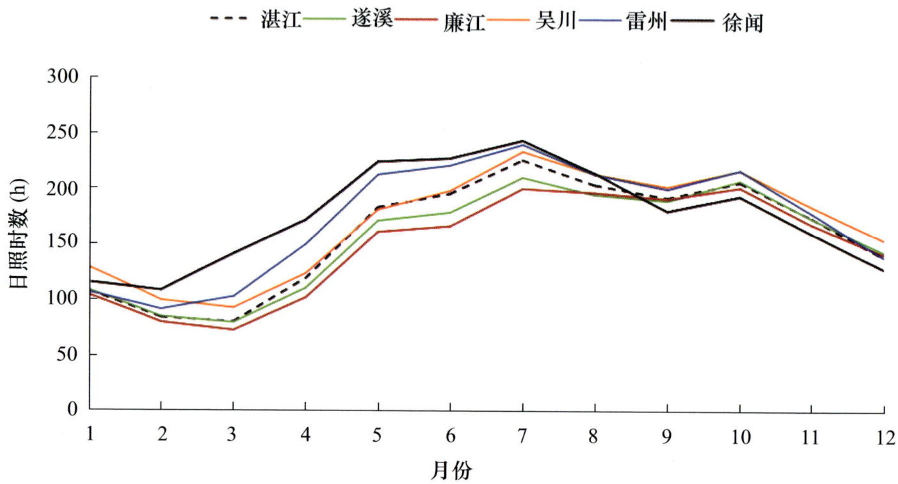

图 2.13 湛江各地月平均日照时数(1991—2020 年)

2.2.5 相对湿度

空气中实际水汽压与当时气温下的饱和水汽压之比为相对湿度，以百分数(%)表示。相对湿度=实际水汽压/当时气温下的饱和水汽压×100%。相对湿度的大小表明空气距饱和状态的程度。相对湿度愈大，表明空气愈湿润，饱和湿空气的相对湿度等于 100%。

2.2.5.1 年相对湿度

湛江三面临海，雨量丰沛，是广东省的高湿地区，全市年平均相对湿度在 81%以上(图 2.14)。最大年平均相对湿度在南部沿海地区的雷州、徐闻，达到 82%以上;最小年平均相对湿度在北部山区的廉江，也达到 80%。

2.2.5.2 月相对湿度

据统计(图 2.15)，湛江各地最大相对湿度多发生在春季，3 月、4 月由于受南部沿海暖湿气流与北方弱冷空气相会形成较长时间的准静止锋天气系统影响，产生连续的阴雨天气过程，故湿度较大。最小相对湿度一般出现在秋、冬季，此时受东北季风控制，秋高气爽，降水少，故湿度低。

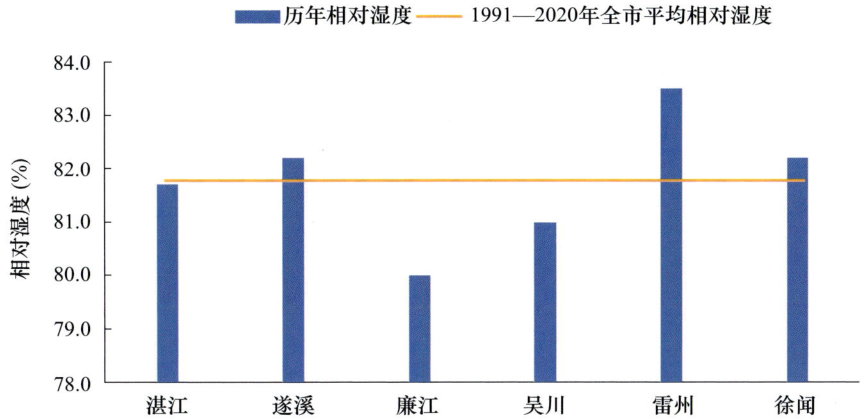

图 2.14　湛江各地年平均相对湿度(1991—2020 年)

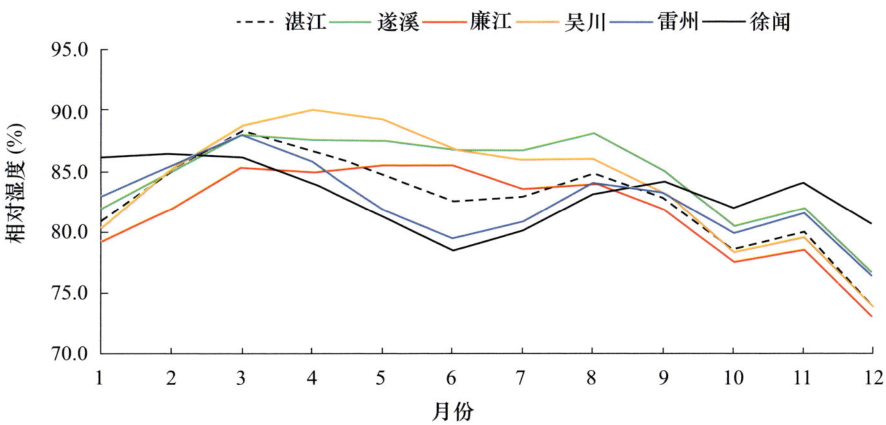

图 2.15　湛江各地月平均相对湿度(1991—2020 年)

2.3　湛江台风

2.3.1　台风概况

湛江地处低纬度,地理位置特殊,台风(统指热带气旋,下同)影响频繁,台风灾害重。据台风资料统计,1949—2021 年在海南三亚至广东台山之间沿海地区登陆的台风共 269 个,登陆时强度≥12 级的有 68 个,占 25%;登陆时强度≥8 级的有 122 个,占 45%。登陆湛江(徐闻—吴川)的台风年均 0.99 个,影响湛江的台风年均 3.7 个,最多 7 个(1952 年、1965 年、1973 年、1974 年、1985 年),最少 0 个(1999 年、2004 年)。台风既可以带来丰沛的降雨,缓解高温酷热、解除气象干旱,又可以带来狂风骤雨、风暴潮，给国计民生带来极大灾难。1996 年第 15 号台风在坡头至吴川之间沿海地区登陆，造成湛江市伤 6765 人、死亡 256 人，直接经济损失达 137.68 亿元。2015 年 10 月 4 日 14 时 10 分，1522 号台风“彩虹”在坡头沿海登陆，造成湛江 5 人死亡、4 人失踪，直接经济损失达 210.5 亿元。

2.3.1.1 台风定义

台风是发生在热带和副热带海洋上的大气涡旋。台风水平范围宽广，直径一般为 600～1000 km，最大的可达 2000 km，最小的 100 km 左右；垂直高度 10 多千米，垂直高度与水平范围比例约 1∶50。台风生命期为一个星期左右，短的只有 2～3 d，最长的可达 30 d。

根据国家标准《热带气旋等级》(GB/T 19201—2006)的规定，台风按低层中心附近最大平均风速分为热带低压、热带风暴、强热带风暴、台风、强台风、超强台风等六个等级(表 2.3)。

按照《广东省台风业务和服务规定》，凡台风中心进入 121°E 以西、17°N 以北的范围内，由台风单独或与其他天气系统共同作用造成湛江沿海气象观测站出现 6 级大风(≥10.8 m/s)或日降雨量≥50 mm，称为影响湛江的台风。

表 2.3 台风等级表

等级名称	中心附近最大风速(m/s)	风力等级
热带低压	10.8～17.1	6～7
热带风暴	17.2～24.4	8～9
强热带风暴	24.5～32.6	10～11
台风	32.7～41.4	12～13
强台风	41.5～50.9	14～15
超强台风	≥51.0	16 级以上

2.3.1.2 台风时、空分布特征

台风影响是以湛江(雷州半岛)出现 6 级大风或暴雨为标准。由于湛江地理位置特殊，通常情况下在海南三亚至广东台山之间沿海地区登陆的台风均有可能对湛江造成影响，因此，每年的第一个在海南三亚至广东台山之间沿海地区登陆的台风称为影响湛江的“初台”，最后一个登陆海南三亚至广东台山之间沿海地区登陆的台风称为影响湛江的“终台”。

湛江“初台”大致出现在 6 月下旬至 7 月上旬，占 72%，最早的“初台”出现在 2008 年 4 月 18 日(0801 号台风“浣熊”)；“终台”大多出现在 9 月下旬至 10 月上旬，占 78%，最迟的“终台”出现在 1974 年 12 月 2 日(7427 号台风“IRAM”)。7 月、8 月、9 月是台风影响湛江的盛期，占全年影响台风的 70%(图 2.16)。

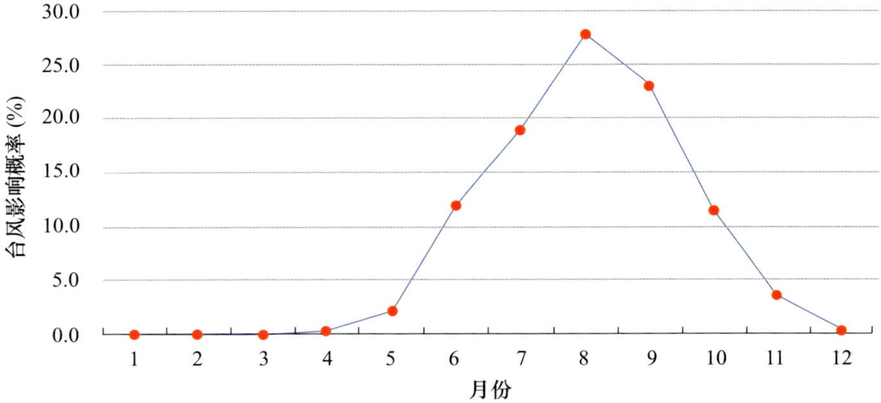

图 2.16　影响湛江台风逐月概率(1949—2021 年)

1949—2021 年影响湛江的台风共有 269 个,年均 3.7 个,具有明显的年代际变化(图 2.17),20 世纪 50 年代前期、60—80 年代中期台风活跃,台风影响频数在 5 个以上的年份很多,20 世纪 90 年代开始台风影响频数总体上呈减少的趋势。影响湛江的台风存在明显的变化周期(图 2.18),大多数情况下是 3～5 a 为一个周期。

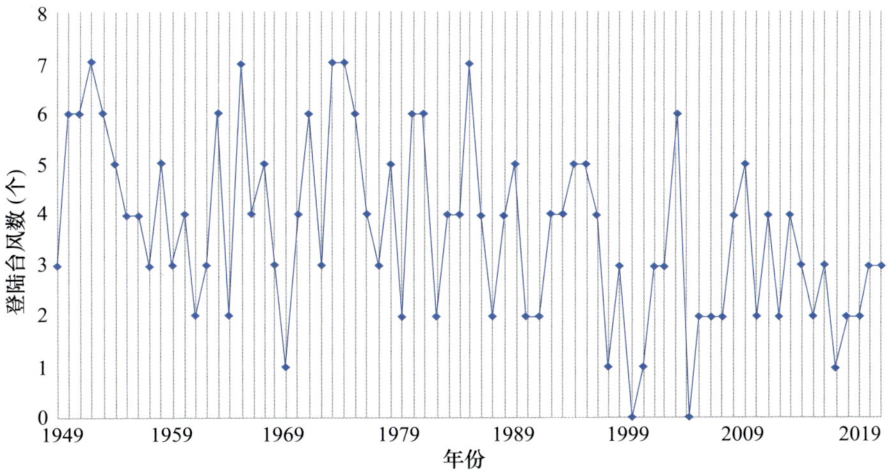

图 2.17　影响湛江台风数量的年际变化(1949—2021 年)

2.3.2　台风“风雨潮”特征

湛江地处低纬度,包括整个雷州半岛及半岛以北的一部分地区,南北长约 130 km,东西宽 40～70 km,海岸线长 2023.6 km(大陆海岸线 1243.7 km 里,岛岸线 779.9 km)。特殊的地理位置、地形、地貌造就台风影响频发,灾害严重。

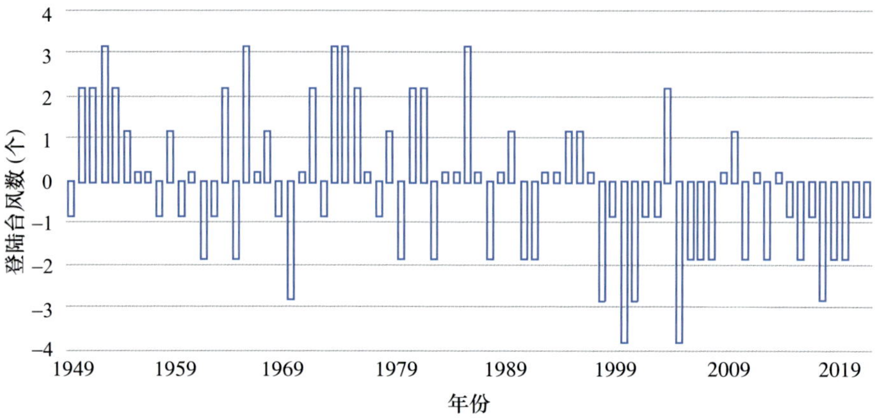

图 2.18 影响湛江台风数量的变化距平(1949—2021 年)

台风的破坏力极大,人们能直接感受到台风带来的狂风骤雨暴潮。台风影响风雨分布,不仅与台风的范围、结构、强度、移动速度有关,也与下垫面(地形、地貌)、不同登陆地点有关。湛江地势南北走向、地形狭长,台风在不同地段登陆带来的风雨分布存在比较大的差异。为方便分析湛江台风风雨分布特征,把海南三亚至广东台山之间沿海地区分为 4 个台风登陆地段(图 2.19):三亚至陵水、万宁至文昌、徐闻至吴川和电白至台山。

图 2.19 影响湛江台风登陆地段划分

2.3.2.1 风力分布特征

台风导致风灾，通常造成船舶损坏、倾覆甚至沉没，农作物倒伏，果树、林木折断，渔业、养殖业受损，码头装卸设施、建筑工程设施、道路广告牌等被摧毁，城市交通运输受阻、事故频发。台风风力分布一般是不均匀的，破坏力最大的区域通常位于台风移动方向的右侧，发展最强烈的台风涡旋区附近。湛江台风灾害最主要的就是风灾。

(1)台风登陆三亚至陵水风力分布特征

2000—2021 年，登陆三亚至陵水沿海地区的台风有 8 个。湛江位于海南岛以北，距离这类台风的登陆地段较远，湛江主要受这类台风的北侧外围环流影响，南部徐闻的风力较大，一般比台风登陆时中心附近最大风力小 3～6 级。例如，2007 年 0715 号台风“利奇马”登陆三亚时中心附近最大风力 11 级(30 m/s)，徐闻海安镇录得最大风力 8 级(17.6 m/s)m，最大阵风 10 级(25.5 m/s)。

(2)台风登陆万宁至文昌风力分布特征

2000—2021 年，登陆万宁至文昌沿海地区的台风有 26 个。湛江位于这类台风的北侧，受台风本体第一、第二象限或台风北侧外围环流影响，湛江南部徐闻最大风力一般接近台风登陆时中心附近最大风力或小 1～3 级，其余各地风力小 4～6 级。例如，2014 年 1409 号台风“威马逊”登陆海南文昌时中心附近最大风力 17 级(60 m/s)，徐闻下桥镇录得最大风力 14 级(42.7 m/s)，最大阵风 17 级(59.8 m/s)。

从不同强度登陆台风的最大风速分布(图 2.20)来看，都有一个共同的特点，最大风速中心大多出现在湛江南部雷州和徐闻接壤的英利镇、下桥镇、曲界镇一带，这个特点可能与这一带的地势比较高有一定的关系；湛江北部廉江、遂溪、吴川等地的风力比雷州、徐闻小 2～4 级。

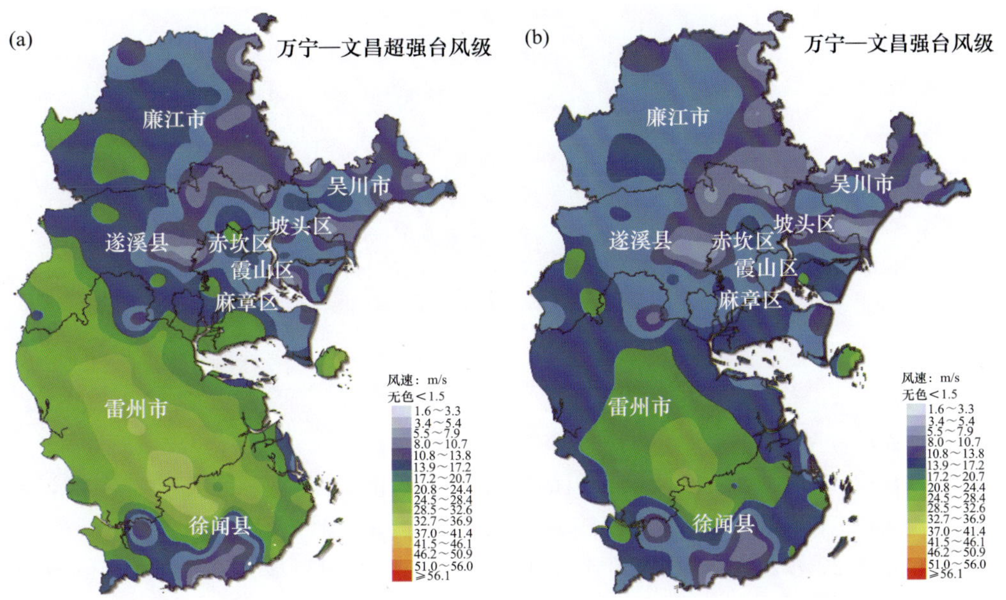

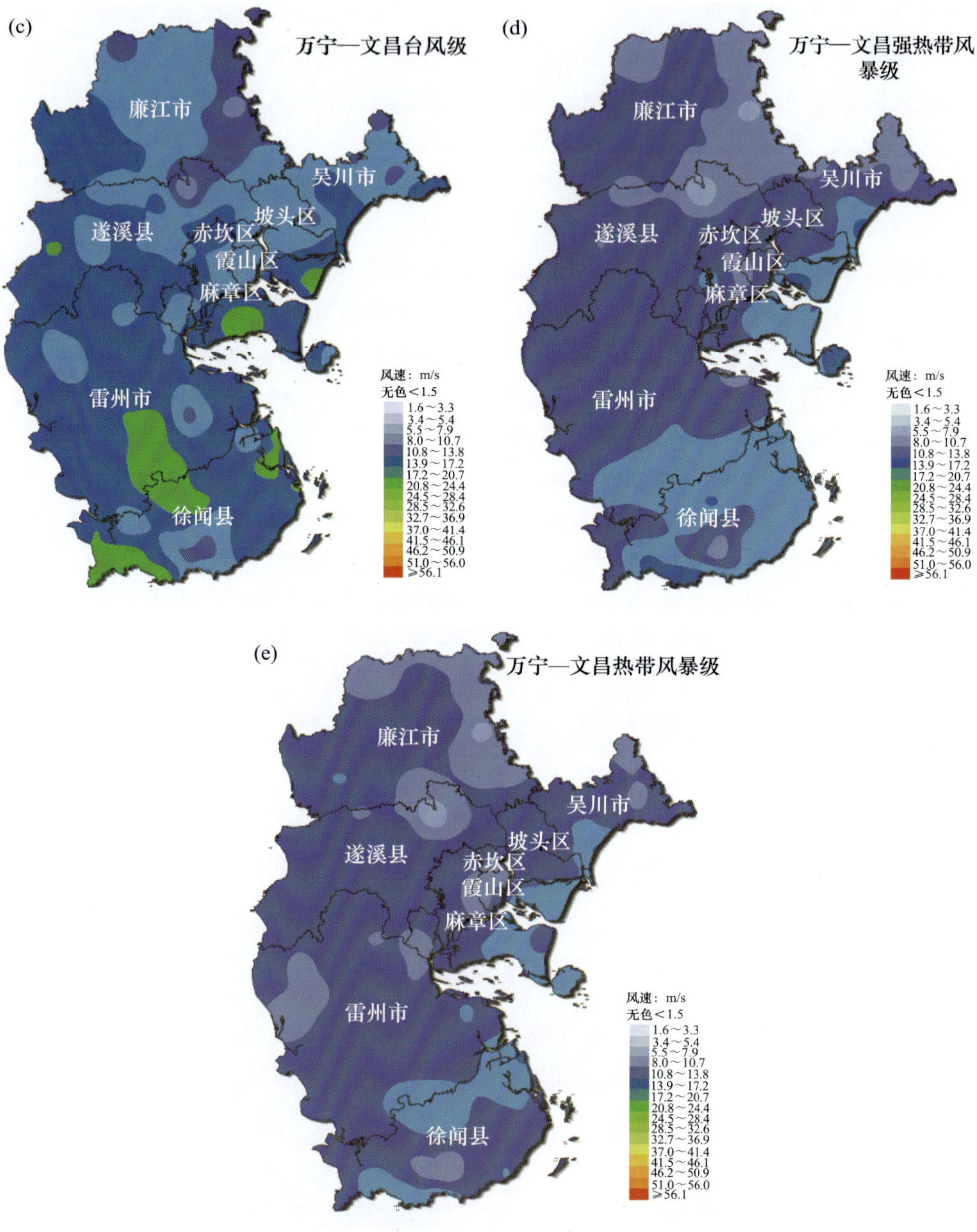

图 2.20　台风登陆万宁至文昌时湛江最大风速分布(2000—2021 年)

(3)台风登陆徐闻至吴川风力分布特征

2000—2021 年，登陆徐闻至吴川的台风有 19 个。这类台风正面袭击湛江，直接受台风本体环流影响，最大风力普遍与台风登陆时中心附近最大风力相差不多。例如，2015 年 1522 号台风“彩虹”(超强台风级)登陆时中心附近最大风力 16 级(52 m/s)，湛江三岭山自动气象站录得平均风力 15 级(46.4 m/s),最大阵风 17 级(67.2 m/s)。

从不同强度登陆台风(图 2.21)的最大风速分布来看,湛江各地最大风速分布也相对均匀,南、北差异不大;各地均有可能出现最大风力中心。这是因为雷州半岛地势低矮,相对高度落差不大,下垫面对风力影响较小,台风风速分布主要与本体结构风力分布相关最大。

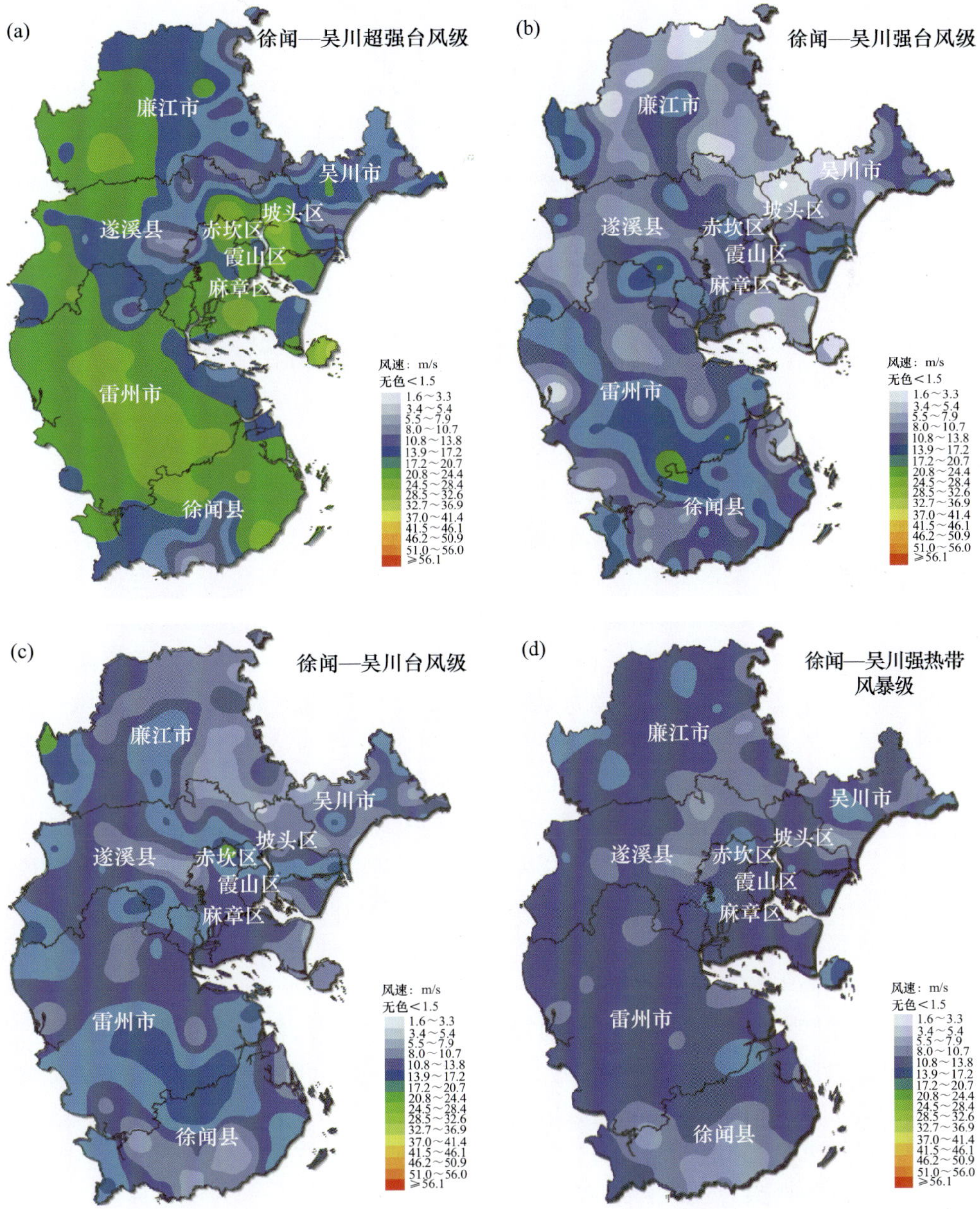

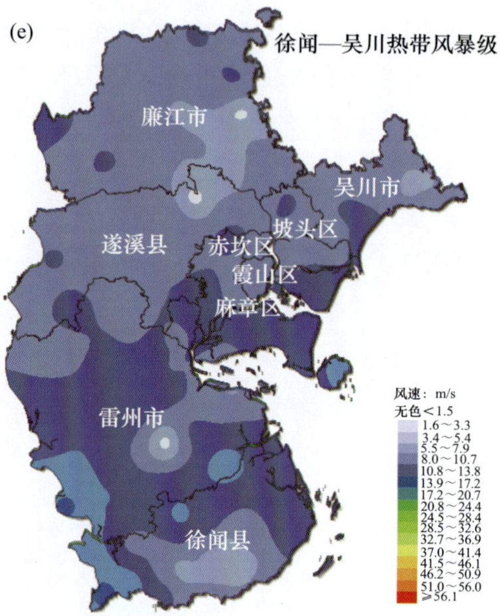

图 2.21　台风登陆徐闻至吴川风速分布(2000—2021 年)

(4)台风登陆电白至台山风力分布特征

2000—2021 年,登陆电白至台山的台风有 17 个。湛江位于这类台风的左侧,主要受台风的第二、三象限影响或受台风槽影响,最大风力普遍较弱,与台风登陆点位置有很大关系。台风在电白附近沿海登陆时,最大风力一般比台风登陆时中心附近最大风力小 1～3 级;台风在阳江附近沿海登陆时,最大风力一般比台风登陆时中心附近最大风力小 3～5 级;台风在台山附近沿海登陆时,最大风力一般比台风登陆时中心附近最大风力小 5～7 级。例如,2008 年 0814 号台风“黑格比”登陆电白时中心附近最大风力 15 级(48 m/s),遂溪江洪镇录得最大风力 11 级(31.6 m/s),最大阵风风力 15 级(46.7 m/s),吴川黄坡镇录得最大阵风 13 级(40.3 m/s);2013 年 1311 号台风“尤特”登陆阳江时中心附近最大风力 14 级(42 m/s),吴川覃巴镇录得最大风力 9 级(21.3 m/s),最大阵风 11 级(28.6 m/s);2012 年 1208 号台风“韦森特”登陆台山时中心附近最大风力 13 级(40 m/s),徐闻南山镇录得最大风力 6 级(12.8 m/s),吴川覃巴镇录得最大阵风 8 级(17.3 m/s)。

从不同强度登陆台风(图 2.22)的最大风速分布来看,都有一个共同的特点,最大风速中心大多出现在湛江东部吴川覃巴镇一带;吴川覃巴镇、黄坡镇,湛江坡头区、赤坎区,雷州客路镇,遂溪黄略镇、江洪镇等地组成一片东北西南的区域,这片区域风力相对较大,比其他各地大 1～3 级。这个特点可能与台风登陆阳江、台山一带,湛江受台风槽的西南急流区影响有关。

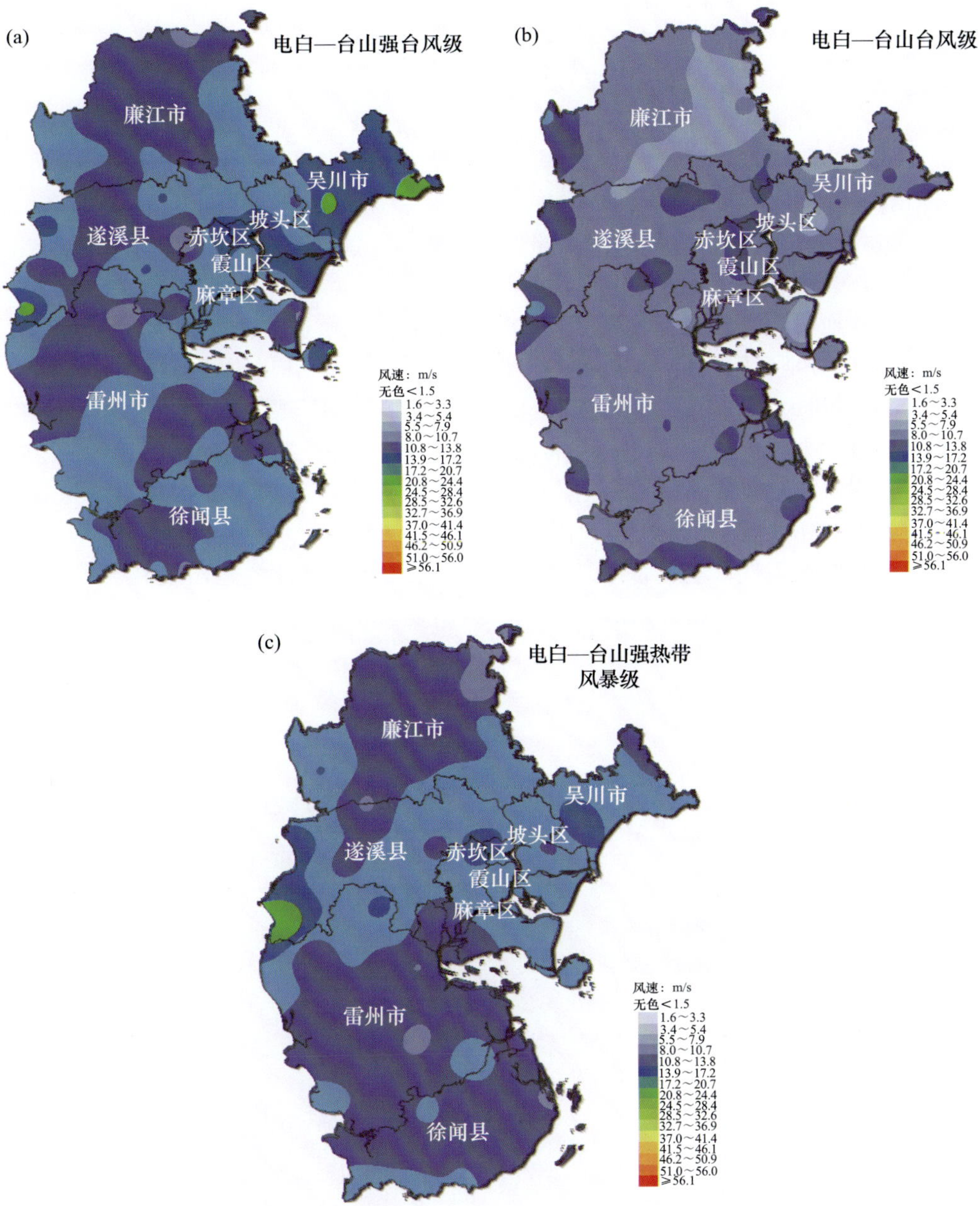

图 2.22　台风登陆电白至台山时湛江风速分布(2000—2021 年)

2.3.2.2　降雨分布特征

台风给湛江带来充沛的雨水，可以缓解高温酷热天气、解除气象干旱、增加水库蓄水量，这是台风降雨的有利方面；但是台风强降雨导致洪水、城乡积涝、农田淹没、水库垮坝、居民房屋和企业仓库进水、交通运输受阻、道路堤围损毁，这是台风降雨的不利方面。影响湛江的台风降雨与台风的登陆点关系密切。

(1)台风登陆三亚至陵水降雨特征

2000—2021 年，登陆三亚至陵水沿海地区的台风有 8 个。湛江主要受此类台风北侧外围环流影响，以大雨、局部暴雨降水过程为主。据湛江 142 个自动气象站雨量统计，出现大暴雨站点占 3%、暴雨站点占 18%。徐闻西连镇录得过程最大降雨量 246.6 mm(2011 年 1119 号台风“尼格”)；徐闻曲界镇录得最大小时雨量 75.1 mm (2018 年 1805 号台风“贝碧嘉”)。

湛江各地平均降雨量呈北部少、中部和南部多的分布特征(图 2.23a)。湛江北部(廉江大部分地区、遂溪大部分地区)平均降雨量 0.1～15 mm；湛江南部(徐闻大部分地区、雷州大部分地区、湛江市区大部分地区)平均降雨量 20～50 mm；徐闻曲界镇录得最大平均雨量 76.5 mm。湛江平均降雨量呈北少南多分布的原因，主要是因为湛江受这类台风的第一、二象限外围环流影响，湛江南部距离台风登陆点较近，降雨量就更多一些，但雨量总体不大。

湛江各地降雨概率呈北部小、南部大的分布特征。湛江各地出现特大暴雨的概率为 0(图 2.24a)；湛江南部(徐闻部分地区)出现大暴雨的概率为 0.1%～5%，其余地区概率为 0(图 2.24b)；湛江中南部(徐闻大部分地区、雷州大部分地区、湛江市区大部分地区)出现暴雨的概率为 0.1%～5%，其余地区概率为 0(图 2.24c)。

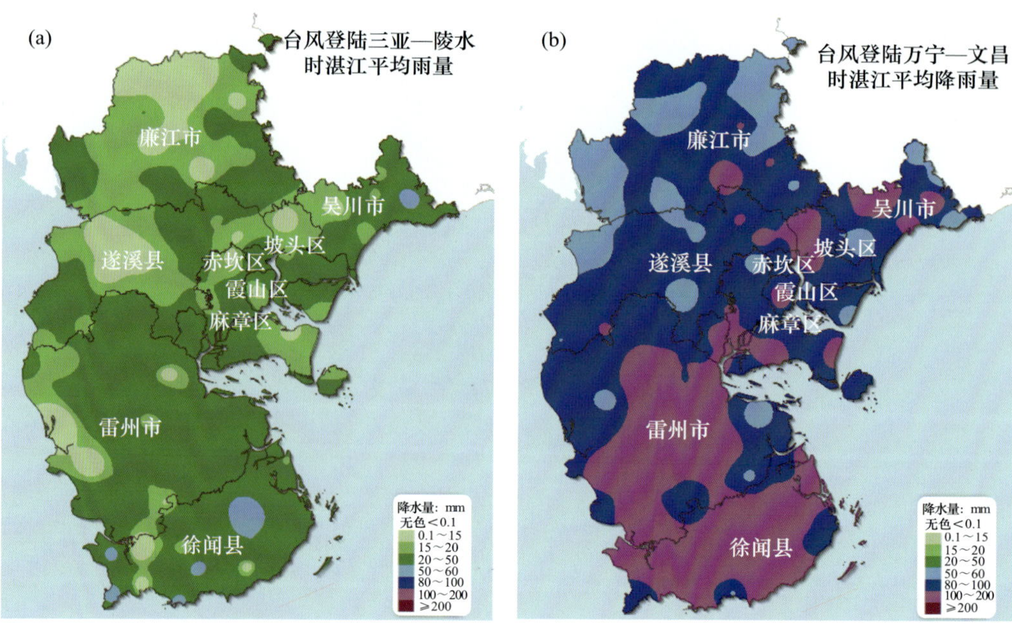

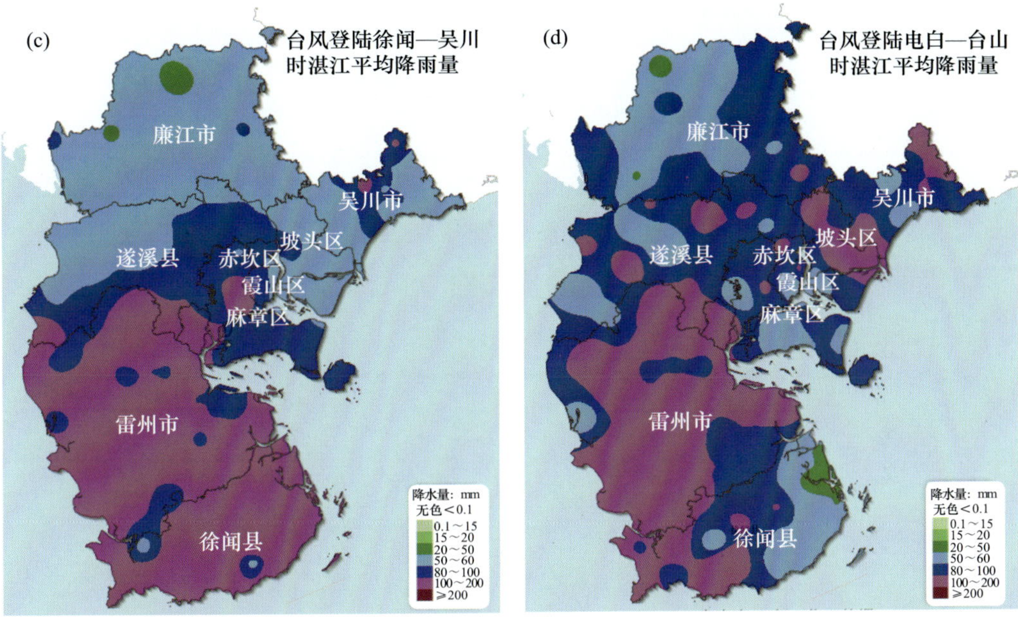

图 2.23　台风登陆三亚至台山平均降雨量分布(2000—2021 年)

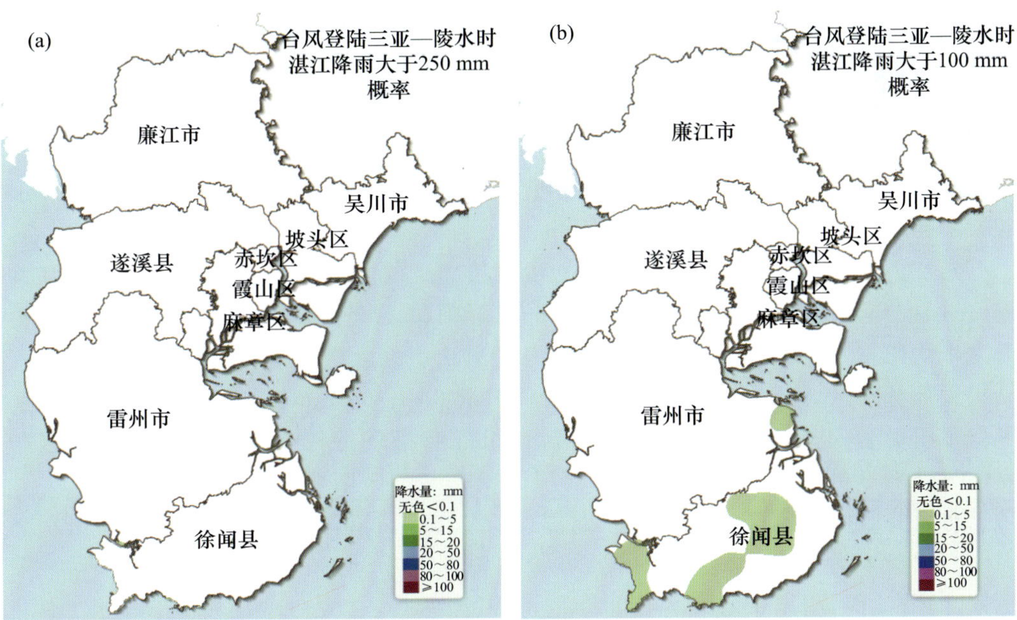

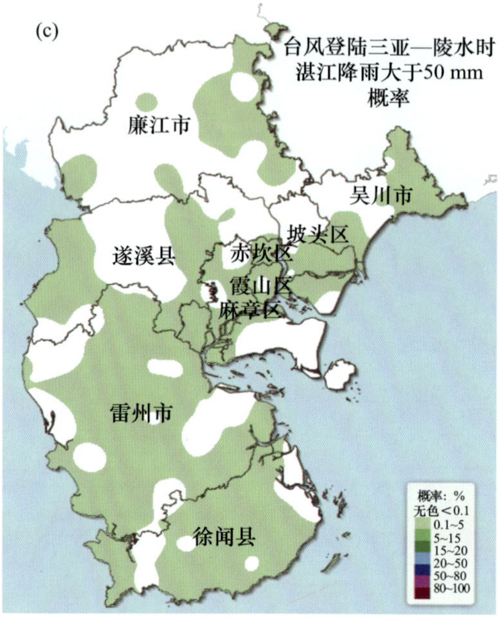

图 2.24　台风登陆三亚至陵水时湛江降雨量的概率分布(2000—2021 年)

(2)台风登陆万宁至文昌降雨特征

2000—2021 年,登陆万宁至文昌沿海地区的台风有 26 个。湛江位于这类台风的北侧,降雨主要受台风第一、第二象限台风本体环流影响,普降暴雨到大暴雨、局部特大暴雨降水过程的发生概率为 78%。据湛江 142 个自动气象站雨量统计,出现特大暴雨站点占 4%、大暴雨站点占 20%、暴雨站点占 62%。徐闻锦和镇录得过程最大降雨量 507.7 mm(1907 号台风“韦帕”);雷州唐家镇录得最大小时雨量 102.2 mm(2011 年 1117 号台风“纳沙”)。

湛江各地平均降雨量呈南部多,中部和北部少的分布特征(图 2.23b)。湛江南部(徐闻大部分地区、雷州大部分地区)平均降雨量 100～200 mm,雷州松竹镇录得最大平均雨量 139.6 mm;湛江中部和北部(湛江市区大部分地区、遂溪大部分地区、吴川大部分地区、廉江大部分地区)平均降雨量 80～100 mm;遂溪、廉江少部分地区平均降雨量为 50～80 mm。产生这种降雨分布特征的原因是因为湛江南部地区距离台风登陆点更近,主要受台风北侧台风眼壁密蔽云区影响,降雨更丰沛。

台风降雨中心落区主要在湛江南部(图 2.25a)。湛江南部(徐闻、雷州)出现降雨中心的概率为 70%;降雨中心出现在徐闻的概率为 35%,大概率出现在曲界镇、下桥镇、龙塘镇等;降雨中心出现在雷州的概率也是 35%,大概率出现在乌石镇、覃斗镇、客路镇、沈塘镇、白沙镇、龙门镇、调风镇等。台风降雨中心出现在湛江市区的概率为 15%,大概率出现在坡头区的乾塘镇、龙头镇等。

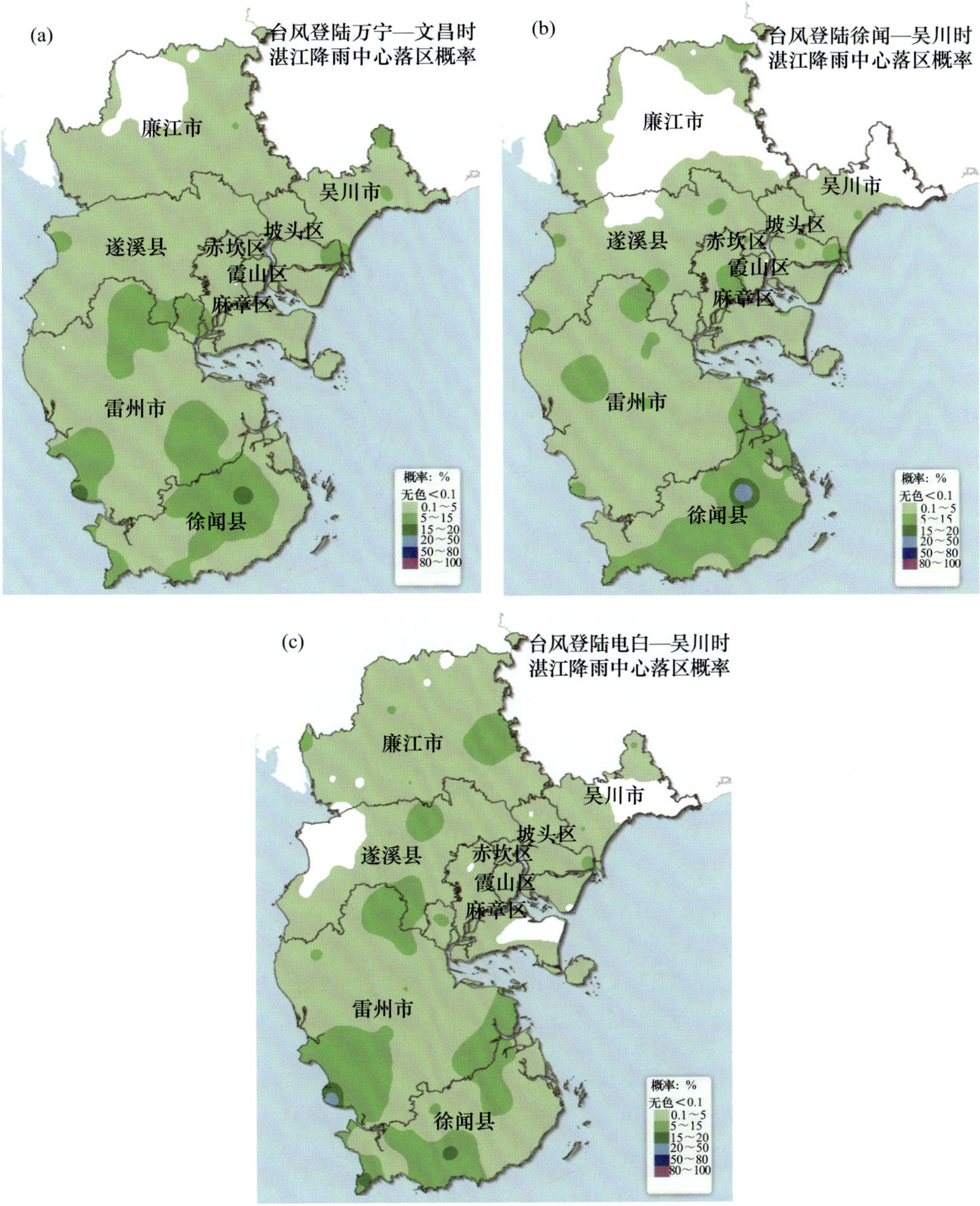

图 2.25　台风登陆万宁至台山降雨中心落区概率分布(2000—2001 年)

湛江各地降雨概率呈南部大、北部小的分布特征。湛江南部徐闻海安和迈陈出现特大暴雨的概率为 34%～40%，湛江东部和南部地区(徐闻大部分地区、雷州东北部和南部、遂溪东部、湛江市区大部分地区、吴川大部分地区)概率为 5%～15%，其余地区概率为 0.1%～5%（图 2.26a）；湛江南部（雷州大部分地区、徐闻大部分地区）、北部（廉江大部分地区）和东部（吴川大部分地区）出现大暴雨的概率为 20%～50%，遂溪大部分地区 15%～20%，湛江市区大部分地区、遂溪部分地区（城月镇、岭北镇、乐民镇等地）和廉江部分地区（和寮镇、塘蓬镇等地）为 5%～15%（图 2.26b）；湛江大部分地区出现暴雨的概率 50%～80%（图 2.26c）。

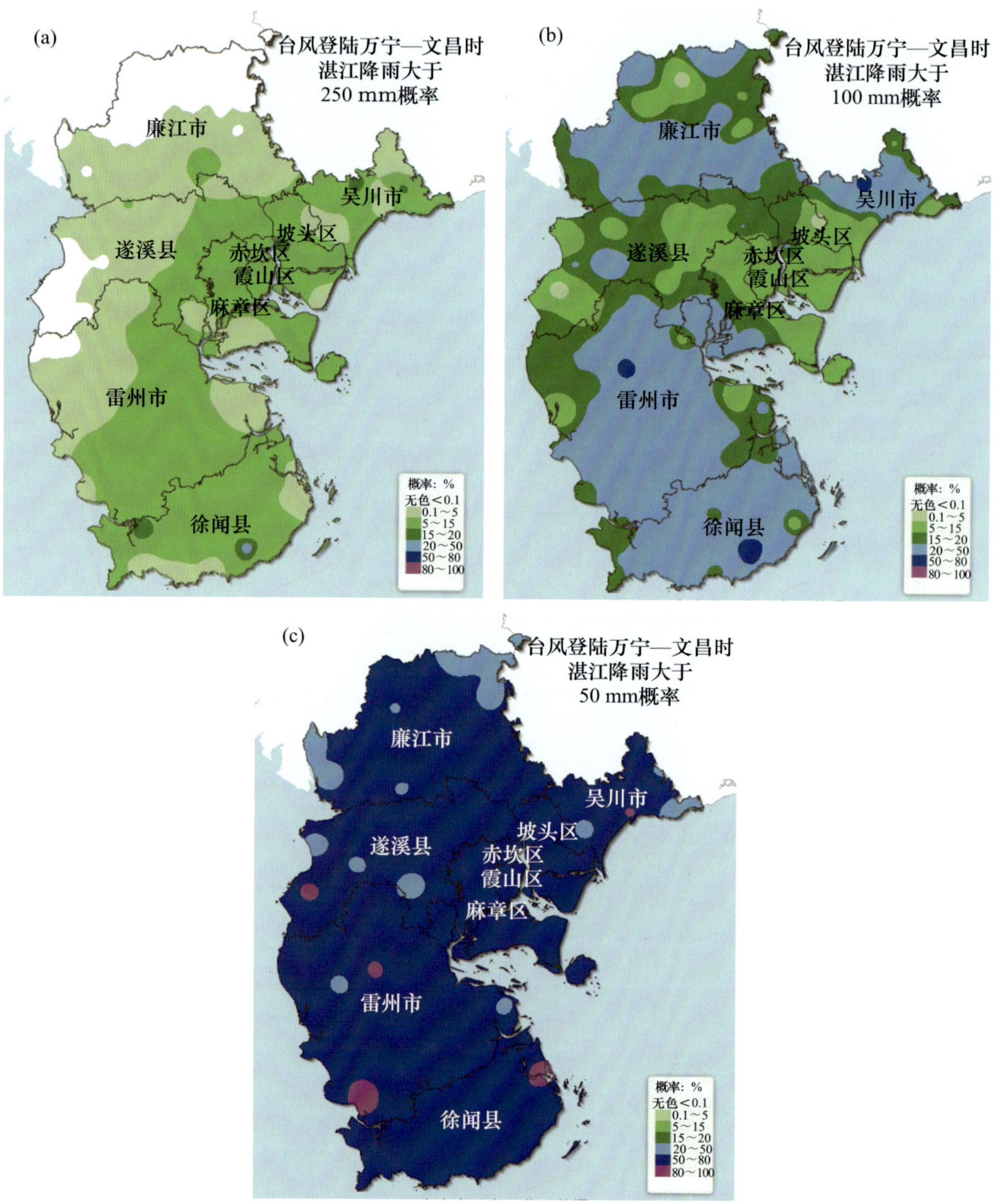

图 2.26　台风登陆万宁至文昌降雨概率分布（2000—2001 年）

(3)台风登陆徐闻至吴川降雨特征

2000—2021年,登陆徐闻至吴川的台风有19个。湛江正面受这类台风袭击,主要降雨受台风本体环流影响,普降暴雨到大暴雨、局部特大暴雨降水过程的概率达100%,其中出现特大暴雨降水过程的概率48%。据湛江142个自动气象站雨量统计,出现特大暴雨站点占6%、大暴雨站点占23%、暴雨站点占65%。徐闻前山镇录得过程最大降雨量454.7 mm(2018年1804号台风"艾云尼");吴川吴阳镇录得最大小时雨量125.7 mm(2015年1522号台风"彩虹")。

湛江平均降雨量呈南多北少、中间有明显过渡带的分布特征(图2.23c)。湛江中间(遂溪南部、湛江麻章区、湛江霞山区、东海岛)狭长区域为过渡带,过渡带降雨量为80～100 mm;过渡带南部(徐闻、雷州)平均降雨量100～200 mm,徐闻锦和镇录得最大平均雨量184.1 mm;过渡带北部(廉江、遂溪北部、湛江坡头区、吴川大部分地区)平均降雨量50～80 mm。这种降雨分布特征主要是因为湛江南部地区既受台风本体环流影响,也容易受台风进入北部湾后的外围环流响,因此湛江南部地区降雨更多一些。

台风降雨中心落区主要出现在湛江南部(图2.25b)。出现在徐闻的概率为58%,大概率出现在曲界镇、锦和镇、下桥镇等地;其次是雷州,概率为16%;廉江、吴川、遂溪、湛江市区出现台风降雨中心的概率为5%～10%。

湛江各地降雨概率呈南部大、北部小的分布特征。徐闻部分地区(和安镇、锦和镇、新寮镇等地)出现特大暴雨的概率为20%～50%,徐闻大部分地区和雷州部分地区(乌石镇、覃斗镇、东里镇等地)概率为5%～15%,其余地区概率低于0.1%(图2.27a);湛江南部(雷州大部分地区、徐闻大部分地区)出现大暴雨的概率为20%～50%,其余地区概率为0.1%～15%(图2.27b);徐闻部分地区(锦和镇、下洋镇、和安镇等地)和雷州部分地区(北和镇、企水镇、唐家镇、沈塘镇等地)出现暴雨的概率为80%～100%,廉江部分地区(长山镇、和寮镇、塘蓬镇、石角镇等地)概率为20%～50%,其余地区概率为50%～80%(图2.27c)。

(4)台风登陆电白至台山降雨特征

2000—2021年,登陆电白至台山的台风有17个。湛江位于这类台风的左侧,降雨主要受台风本体环流的第二、三象限影响或受台风槽影响,普降暴雨到大暴雨、局部特大暴雨降水过程的概率达100%,其中特大暴雨降水过程概率为43%。据湛江142个自动气象站雨量统计,出现特大暴雨站点占5%、大暴雨站点占21%,暴雨站点占73%。徐闻县城录得过程最大降雨量482.8 mm(2008年0809号台风"北冕");湛江霞山海滨街道录得最大小时雨量90.6 mm(2010年1003号台风"灿都")。

湛江各地平均降雨量呈东南部和西北部略少、西南部和东北部略多的分布特征(图2.23d)。湛江东南部(徐闻东部)和西北部(廉江大部分地区)平均降雨量为50～80 mm;湛江西南部(雷州大部分地区、徐闻西部)平均降雨量为100～200 mm;湛江东北部(湛江市区大部分地区、吴川大部分地区、遂溪东部)平均降雨量为80～100 mm,部分地区大于100 mm。湛江乌石镇录得最大平均雨量177.3 mm。造成这种降雨分布特征的主要原因是湛江受台风倒槽影响，降雨带多呈东北西南走向。

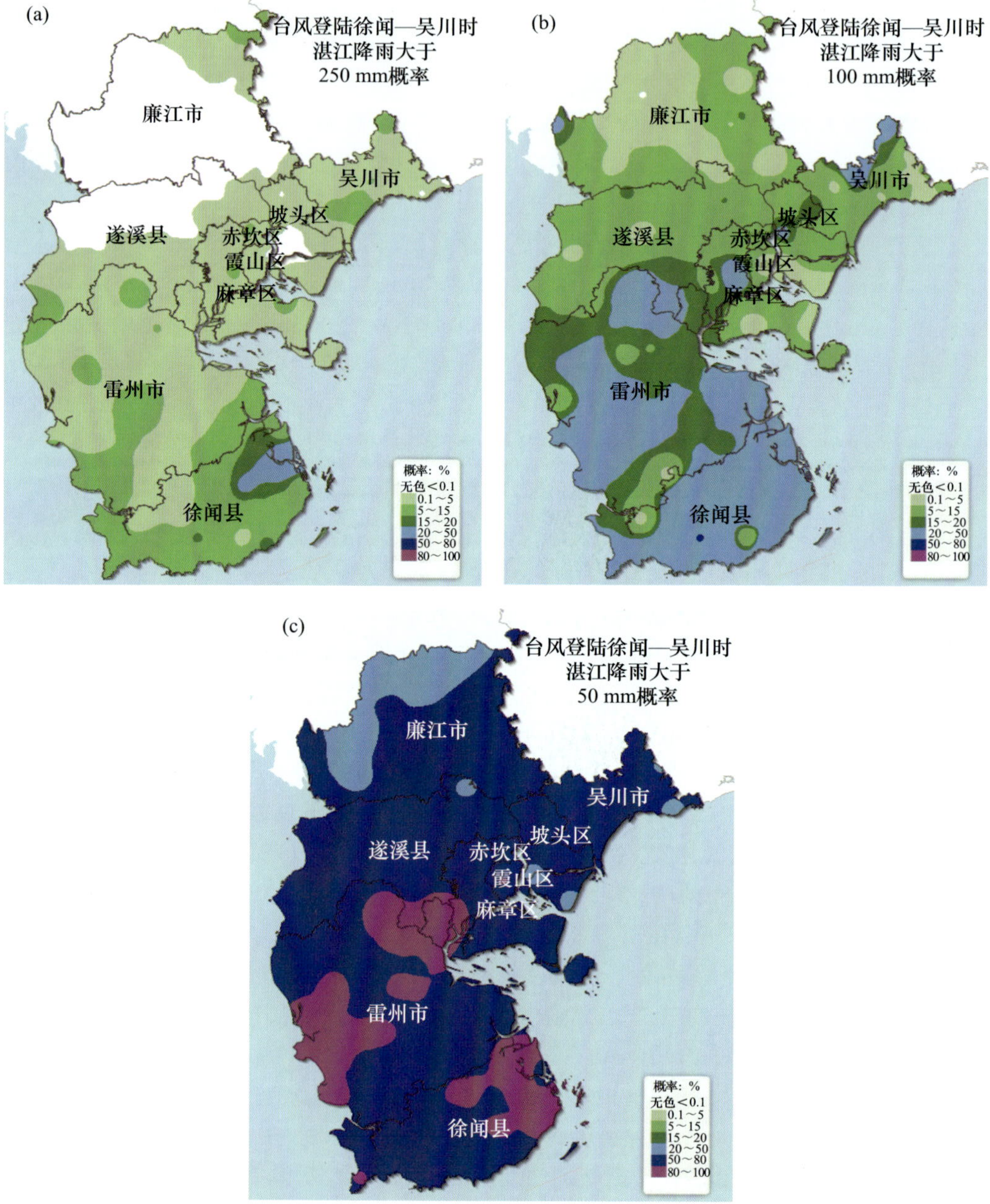

图 2.27　台风登陆徐闻至吴川降雨概率分布（2000—2021 年）

台风降雨中心落区（图 2.25c）主要在雷州西南部、徐闻西部，出现概率为 82%，大概率出现在雷州乌石镇、北和镇、覃斗镇等和徐闻城北乡、迈陈镇、南山镇等；廉江、吴川、遂溪、湛江市区出现台风降雨中心的概率低于 5%。

湛江各地降雨概率呈西北部小、东南部大的分布特征。雷州部分地区(客路镇、沈塘镇、白沙镇、附城镇、乌石镇、北和镇等地)出现特大暴雨的概率为 30%～50%,徐闻南部(海安镇、南山镇等地)概率为 20%,其余地区概率小于 0.1%(图 2.28a);湛江西北部(遂溪西部、廉江西北部)出现大暴雨的概率为 5%～15%,其余大部分地区为 20%～50%(图 2.28b);湛江坡头区大部分地区、吴川部分(吴阳镇、黄陂镇、塘缀镇)和雷州南部(英利镇、调风镇)出现暴雨的概率为 80%～100%,其余地区概率为 50%～80%(图 2.28c)。

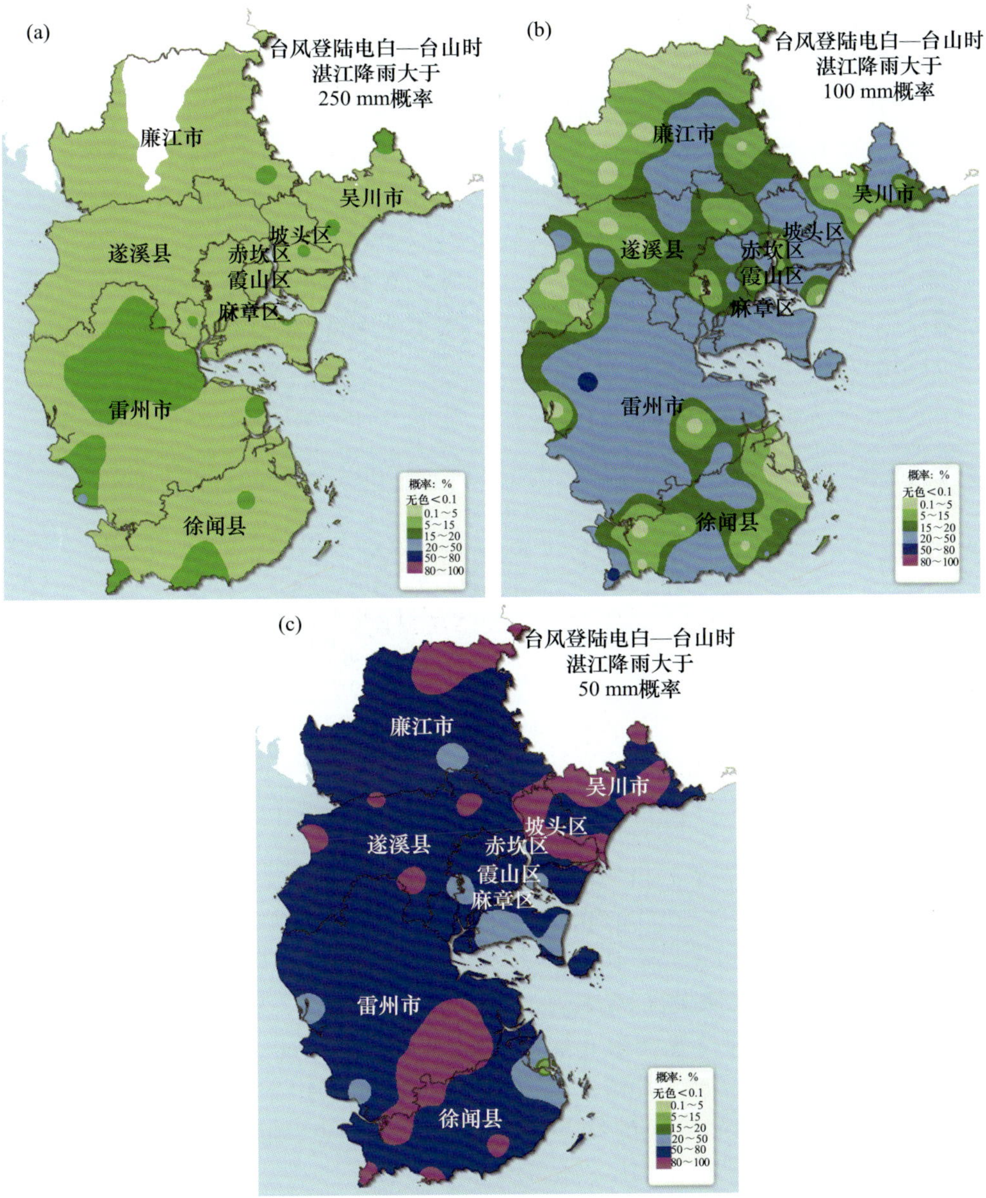

图 2.28 台风登陆电白至台山降雨概率分布(2000—2021 年)

2.3.2.3 风暴潮特征

台风登陆不仅带来狂风骤雨，造成严重灾害，而且能带来风暴潮，严重危及沿海地区人们的生命和财产安全。台风风暴潮是在台风强烈作用下引起海水暴涨，海平面异常升高的现象；风暴潮有时称为“风暴增水”或“气象海啸”。风暴潮通常伴随狂风巨浪，导致水位暴涨、海堤冲毁、农田淹没、房屋倒塌、人畜伤亡，灾害巨大。世界上风暴潮最严重的是孟加拉湾，1970 年 11 月 12—13 日，孟加拉湾特大风暴潮造成 30 万～50 万人丧生，100 万人无家可归。

(1)风暴潮灾害

湛江特殊的地理位置以及向西凹进的喇叭口状东海岸地形，有利于海水堆积，极易发生大风暴潮或特大风暴潮。1980 年 8007 号台风“HERBERT”登陆徐闻，造成百年罕见潮位，南渡站潮位高达 5.94 m，超警戒水位 2.97 m，湛江港潮位 7.1 m(世界第三位)，湛江东海岸 90%以上堤围被海水淹没。

据统计，1949—2019 年的 70 年间，登陆湛江附近沿海地区(海南文昌—广东吴川)的台风(台风级以上，风力≥12 级)有 31 个，其中有 10 个台风带来较大的风暴潮灾害，占登陆台风的 33%(表 2.4)。

表 2.4 湛江风暴潮灾害较大台风(1949—2019 年)

日期	台风编号	台风名称	登陆地点	湛江最大潮位(m)
1954 年 8 月 30 日	5413	IDA	东海岛	6.8
1965 年 7 月 15 日	6517	FREDA	湛江	6.8
1968 年 9 月 9 日	6811	ROSE	湛江	6.5
1980 年 7 月 22 日	8007	HERBERT	徐闻	7.1(世界第三位)
1986 年 9 月 5 日	8616	WAYNE	徐闻	6.35
1997 年 8 月 22 日	9713	ZITA	雷州东里	5.96
2003 年 8 月 25 日	0312	科罗旺	海南文昌	4.33
2014 年 7 月 18 日	1409	威马逊	海南文昌	3.51
2014 年 9 月 16 日	1415	海鸥	海南文昌	4.75
2015 年 10 月 4 日	1522	彩虹	湛江坡头	2.72

(2)风暴潮特征

湛江是风暴潮灾害重灾区，尤其是当风、雨、潮“三碰头”造成的风暴潮灾害最为严重。这与特殊的地理位置及海岸形状有密切关系，也与湛江港是“半日潮”区有关，一天有两次“天文高潮”，大幅度增加了“台风登陆”与“天文高潮”相遇的机会。统计分析引起湛江风暴潮台风的强度、移速、路径、登陆点、登陆时间，通常有以下几个特征：

①台风进入(18°—22°N，109°—113°E)范围，才会产生风暴潮；

②登陆时中心附近最大风力≥12 级，最低气压<970 hPa；

③登陆前 24 h 移速≥24 km/h；

④登陆点在海南文昌至湛江坡头之间沿海地区；

⑤登陆时间与“天文高潮时”叠加(时差≤1 h)；

⑥台风登陆日期大多数是农历六、七月的十五～十八或八月份初一～初三的“天文大潮期”，只有少数出现在“天文小潮期”。

2.3.3 台风灾害

台风是造成湛江损失最重的灾害天气系统，具有发生频率高、影响范围广、成灾强度大的特点。台风给湛江带来狂风巨浪、暴雨大潮，极具摧毁力，倾覆沉没船只、大树被连根拔起、毁坏农田作物、摧毁海岸堤围、破坏海水养殖、损毁城镇，严重威胁人民生命财产安全、工农业生产，造成人员伤亡和经济损失。新中国成立以来严重影响湛江的台风灾害个例有：

1954 年 8 月 29 日，5413 号台风“IDA”登陆湛江东海岛，影响风力 15 级以上(50.4 m/s，计算值)；湛江港潮位高 6.8 m，造成百年一遇风暴潮灾害，湛江东海岸堤围几乎全部崩缺，城市七成以上房屋被毁，淹没农田 104.11 万亩，毁堤 901 条。湛江市死亡 981 人，直接经济损失 5 亿多元。

1965 年 7 月 15 日，6517 号台风“FREDA”在湛江至海康(雷州)之间登陆，最大风力 14 级以上(43.7 m/s)；湛江毁决堤围 404 条，淹没农田 168.08 万亩，倒塌房屋 30.6 万间，沉船 3144 艘，水利损失土方 692.2 万 m^3。湛江市死亡 177 人。

1971 年 6 月 27 日，7109 号台风“DINAH”在文昌至徐闻之间登陆，影响风力 12 级；洪淹农田 107.26 万亩，损失粮食 2.5 万 t，冲崩堤围 218 处，毁房屋 3.62 万间。湛江市死亡 21 人。

1980 年 7 月 22 日，8007 号台风“HERBERT”在徐闻外罗登陆，风力 11～12 级，阵风 14 级(42.0 m/s)；台风登陆时刚好与东海岸的天文大潮相遇，湛江港潮高 7.1 m(世界第三)。毁房屋 468 万间，垮堤围 384 km，淹浸稻田 31 万亩。湛江市死亡 256 人，直接经济损失 4 亿多元。

1985 年 8 月 26 日，北部湾生成的未编号无名台风，在遂溪至海康(雷州)登陆，风力 8 级，阵风 11 级，湛江普降暴雨到特大暴雨，海康日雨量 685 mm，曲溪最大达 1255.8 mm；海康东西洋田成为泽国，67 个村庄 7 万多人被洪水围困，湛江受浸农田 225.8 万亩，崩屋 13.34 万间，冲毁水利工程 3010 宗。湛江市死亡 88 人，直接经济损失 3 亿元以上。

1994 年 6 月 8 日，9403 号台风“RUSS”在徐闻登陆，沿雷州半岛北上，影响风力 7～8 级，阵风 10～12 级(徐闻 25.6 m/s、湛江 33.7 m/s)，日最大雨量：湛江 201.0 mm，徐闻 205.9 mm，廉江 523.5 mm，遂溪 326.3 mm，海康 206.6 mm；九洲江洪峰高达 8.99 m，流量达 3440 m^3/s；湛江受害作物 413 万亩，1186 个村庄受浸，27 万人被洪

水围困，毁坏房屋22.9万间，倒塌房屋6.8万间，沉船333艘，毁坏水利工程2151宗，1800多家企业停产或半停产，死亡牲畜1.24万头。湛江市伤131人，死亡24人，失踪16人，直接经济损失34亿元。

1996年9月9日，9615号台风“莎莉”(SALLY)在湛江坡头至吴川登陆，台风中心经过湛江市区。湛江市区风力≥12级，持续12 h 48 min；≥13级，持续40 min，阵风超过17级(57.0 m/s)；湛江倒塌房屋10.09万间，受毁坏房屋98.04万间；损坏作物465.23万亩，减产粮食14.478万t，损失粮食4.6276万t；死亡牲畜9.99万头，死亡家禽320万只；破坏土地118万亩，50%热带林木被折断；翻沉船3996艘；水产严重受灾20.25万亩，损失水产品2.02万t，摧毁人工养殖鱼排、网箱7400个；损坏大、中型水库6座，渡槽54座，桥梁184座，水闸178座，堤坝173.9 km；倒22万伏铁塔50座，折线杆5470条，中断10 kV配电主线76条，折低压线杆8016条，倒微波塔一个，中断光缆44.3 km，折邮电线杆4.1835万条；损坏国、省道路879 km，地方公路1700 km；损毁汽车540辆；毁坏码头大型设施26座，在建工程临时设施90%被毁，13732个工矿企业被迫停产。湛江市伤6765人，死亡256人，直接经济损失129.39亿元。

1997年8月22日，9713号台风“ZITA”在雷州东里镇登陆，登陆时风力8级、阵风10级；湛江港潮位5.96 m，湛江港第一、二作业区货坊水浸近1 m深。湛江市伤349人，死亡7人，直接经济损失21.16亿元。

2014年7月18日15时30分前后，1409号台风“威马逊”在文昌翁田镇沿海地区登陆，登陆时中心附近最大风力17级(60 m/s)，中心最低气压910 hPa；19时30分前后在徐闻县龙塘镇沿海地区再次登陆，登陆时中心附近最大风力17级(60 m/s)，中心最低气压910 hPa。台风“威马逊”是有气象观测记录以来登陆广东省的最强台风，具有“移速快、强度特强、路径稳定、破坏力大”的特点。徐闻县普遍出现最大风力12～13级，阵风16～17级，南华农场自动气象站录得的最大风力14级(42.7 m/s)，阵风17级(59.8 m/s)，并伴有大暴雨局部特大暴雨的降水过程，曲界镇录得最大日雨量为276.8 mm。受台风“威马逊”影响，湛江12个县(市、区)109个乡(镇)受灾，受灾人口2411700人，倒塌房屋11028间。湛江市无人员伤亡，直接经济损失127.3亿元(徐闻县直接经济损失70.4亿元)，其中，农林牧渔业直接经济损失76.074亿元，工业交通运输业直接经济损失31.716亿元，水利设施直接经济损失19.51亿元。

2014年9月16日9时40分，1415号台风“海鸥”在海南省文昌翁田镇沿海地区登陆，登陆时中心附近最大风力13级(40 m/s)，最低气压960 hPa；12时45分在徐闻南部沿海地区再次登陆，登陆时中心附近最大风力13级(40 m/s)，最低气压960 hPa。台风“海鸥”具有“移动速度快、范围广、强度(台风级别)维持时间长”的特点。湛江出现大风10～12级、阵风13～14级，普降暴雨、局部大暴雨。受台风“海鸥”影响，湛江12个县(市、区)109个乡(镇)受灾，受灾人口194650人，倒塌房屋355间。湛江市无人员伤亡，直接经济总损失79.12亿元，其中，农林牧渔业直接经济损失25.775亿元，工业交通运输业直接经济损失 10.54 亿元，水利设施直接经济损失 22.105 亿元。

2015 年 10 月 4 日 14 时 10 分，1522 号台风“彩虹”在湛江市坡头区沿海登陆，登陆时中心附近最大风力 16 级(52 m/s)，中心最低气压 935 hPa。台风“彩虹”具有“强度异常强、近海发展快、风雨影响大”等特点。从生成到登陆仅用 60 h，台风“彩虹”作为新中国成立以来 10 月登陆广东省的最强台风，正面袭击了湛江，带来了严重的灾害，造成了巨大的损失。湛江各地平均风力 9～15 级(湛江三岭山录得最大平均风力 15 级(46.4 m/s))，阵风 16～17 级，局部地区阵风 17 级或以上(湛江三岭山大于 17 级(67.2 m/s)；湛江市麻章区 17 级(59.9 m/s))。湛江市区 10 级以上风力持续 7 h。湛江各地普降暴雨到大暴雨，局部特大暴雨；吴川吴阳镇录得最大雨量 319 mm，100 mm 雨量的站点有 23 个。湛江各地最大雨量：吴川市吴阳镇 319 mm，湛江东海岛开发区 247 mm，遂溪县界炮镇 182 mm，廉江市安铺镇 147 mm，雷州市北和镇 135 mm，徐闻县南华农场 161 mm。受“彩虹”影响，湛江 12 个县(市、区)117 个乡镇受灾，受灾人数 3101820 人，损坏或倒塌房屋 2126 间。湛江市死亡 5 人，失踪 4 人，直接经济损失 210.5 亿元，其中，工业交通运输业直接损失 145.75 亿元，农林牧渔业直接损失 45.3 亿元，水利设施直接损失 15.064 亿元。

2.3.4 台风预报经验指标

经过一代代气象人的不懈努力以及科学技术的进步，近年来，在中央气象台、广东省气象台的指导下，湛江台风的预报更加精准，预报准确率有了很大提高。

2.3.4.1 台风预报关注点

在做好台风预报、预警服务的情况下，还需注意以下几个方面：

(1)关注台风移向、移速的复杂性。台风的移动速度、移动路径、强度变化都非常复杂，通常来说影响湛江的台风分为西太平洋台风和中国南海台风。西太平洋台风生成于菲律宾以东洋面上，之后向偏西方向移动，穿过吕宋岛或巴士海峡，进入中国南海，在珠江口以西到海南岛东部沿海地区登陆，移动路径较为稳定、强度相对较大，对湛江影响非常重。对湛江造成重大灾害的 1996 年 9615 号台风“SHALI”、2015 年 1522 号台风“彩虹”均是西太平洋台风。中国南海台风又称“土台风”，生成于中国南海海面，之后向偏北或偏西方向移动，在珠江口以西到海南岛东部沿海地区登陆；路径复杂多变、强度相对较弱，对湛江影响相对也弱一些。

(2)关注副热带高压变化对台风移向、移速的影响。台风的移动路径、移动速度是地转偏向力、环境引导力、台风自身内力相互作用的综合结果，与副热带高压、热带辐合带(ITCZ)、低值系统(西风槽、东风波、热带云团等)密切相关。由于湛江的特殊地理位置，影响湛江的台风多以西行路径为主，副热带高压南侧的引导气流的强、弱就显得非常关键，副热带高压呈“带状”分布、加强西伸，更有利于台风快速西行；副热带高压东退或呈“块状”分布，台风移动路径比较复杂。

(3)关注台风登陆后移向对降水的影响。台风在海南岛登陆后，西北行(五指山以北)：湛江暴雨到大暴雨、局部特大暴雨降水过程；偏西行(五指山以南)，湛江有大雨、局部暴雨降水过程。台风在雷州半岛登陆，湛江有大暴雨、局部特大暴雨降水过程。台风在电白至台山登陆后，偏西行：湛江有暴雨到大暴雨、局部特大暴雨降水过程；偏北行：湛江有暴雨、局部大暴雨降水过程。

(4)关注台风风暴潮发生时间节点。“台风登陆时”与“天文高潮时”叠加，风、雨、潮“三碰头”会加剧风暴潮灾害。

(5)关注两个关键区域的降水影响。湛江“大水缸”鹤地水库上游集雨区域陆川、博白等地的降水；鉴江上游集雨区域高州、信宜等地的降水。

2.3.4.2 台风预报业务指标

(1)台风登陆地点对湛江风力影响

台风在三亚至陵水登陆：湛江南部(徐闻)风力一般比台风登陆时中心附近最大风力小3～6级，其余各地风力小7～9级；台风在万宁至文昌登陆：湛江南部(徐闻)风力一般接近台风登陆时中心附近最大风力或小1～3级，其余各地风力小4～6级；台风在徐闻至吴川登陆：正面袭击湛江，风力普遍与登陆时中心附近最大风力相差不大；台风在电白附近登陆：风力一般比台风登陆时中心附近最大风力小1～3级；台风在阳江附近登陆：风力一般比台风登陆时中心附近最大风力小3～5级；台风在台山附近登陆：风力一般比台风登陆时中心附近最大风力小5～7级。

(2)台风登陆后移向对湛江降水影响

台风在海南岛登陆后，台风西北行(五指山以北)，降雨量100～300 mm，最大400～600 mm；台风偏西行(五指山以南)，降雨量30～60 mm，最大80～120 mm。台风在湛江登陆，降雨量150～300 mm，最大400～600 mm。台风在台山—电白登陆后，台风偏西行，降雨量100～200 mm，最大300～400 mm；台风偏北行，降雨量50～120 mm，最大150～200 mm。

(3)湛江站气压特征曲线预报台风登陆经验判据

湛江站08时气压曲线特征做6—10月台风登陆地段预报，登陆地段分类：第一类，斗门—文昌；第二类，文昌以南；第三类：斗门以东。预报时效为15～72 h。

①6月，台风登陆前夕的气压峰的距平值作判据

第一类，−2.0 hPa≤峰距平＜+3.0 hPa；第二类，峰距平＜−2.0 hPa；第三类，峰距平≥+3.0 hPa。

②7月，台风进120°E当天08时的气压距平作判据

第一类，−2.0 hPa≤距平≤+1.2 hPa；第二类，距平＞+1.2 hPa；第三类，距平＜−2.0 hPa。

③8月，台风登陆前夕的气压峰的距平作判据

第一类，峰距平＜+1.0 hPa；第二类或第三类，峰距平≥+1.0 hPa。

④9—10 月，台风登陆前的两个气压峰的高低对比作判据

前峰>后峰第一类；前峰<后峰第二类或第三类。

(4)“31631”台风服务模式

台风预报业务执行“31631”预报服务流程：提前 3～5 d 发布台风过程预报、风险研判和极值预估；开展连续跟进服务，定量预测台风过程风雨；适时发出台风预警信号和台风风球信号。提前 1 d 发布台风过程风雨量精细到县(区)的风雨落区预报；风雨影响主要时段；适时升级台风预警信号和台风风球信号。提前 6 h 进入临灾精细化气象预警状态，定位风雨影响高风险区域，适时发布暴雨预警信号。提前 3 h 发布精细到县(区)的预警，滚动更新风雨落区量级和风险提示，适时升级暴雨预警信号。提前 1 h 发布精细到镇(街)的定量风雨预报以及滚动提供风雨实况。

2.4 湛江暴雨

2.4.1 暴雨概况

湛江属热带和亚热带季风气候交界区，濒临南海，邻近孟加拉湾和西太平洋，既受大陆性气候控制又受海洋性气候调节，水汽来源丰富，暴雨多发。据统计，湛江的年平均暴雨日数为 7.6 d，最多为 14.8 d(1985 年)，最少为 3.7 d(2004 年)。

2.4.1.1 暴雨定义

暴雨是指 24 h 降水量为 50 mm 以上的强降水。按其降水强度大小可分为三个等级：日降雨量 50.0～99.9 mm 为暴雨，100.0～249.9 mm 为大暴雨，250.0 mm 以上为特大暴雨。

2.4.1.2 湛江暴雨时、空分布特征

据统计(1980—2021 年)，暴雨一年四季均可出现(图 2.29)，但 90%以上集中在汛期(4—10 月)，4 月暴雨日数开始增多，6 月出现小高峰，8 月达到暴雨日数最高峰，之后暴雨日数减少，分别对应着前汛期(4—6 月)和后汛期(7—9 月)。湛江市各地年均暴雨日数：湛江市区 8.2 d，雷州 8.1 d，遂溪 7.6 d，廉江 7.4 d，吴川 7.3 d，徐闻 6.8 d。前汛期暴雨多以冷锋低槽降雨为主，暴雨日数自北向南减少，湛江市区、吴川、遂溪占 43%～45%，廉江、雷州占 33%～34%，徐闻仅占 25%；后汛期暴雨以台风降雨为主，暴雨日数自北向南增多，廉江、湛江市区、吴川、遂溪占 50%～53%；雷州、徐闻占 61%～71%。雷州、徐闻的暴雨主要是台风暴雨。

湛江暴雨的连续天数通常是 1～2 d，连续 3 d 暴雨的情况并不多见，只有吴川、雷州出现过 3 次，其余各地均为 2 次；连续 2 d 的暴雨过程多见于后汛期，前汛期比较少见。暴雨最大日雨量 606.5 mm(2007 年 8 月 11 日，雷州龙门镇)，其次为 523.5 mm(1994 年 6 月 9 日，廉江)。

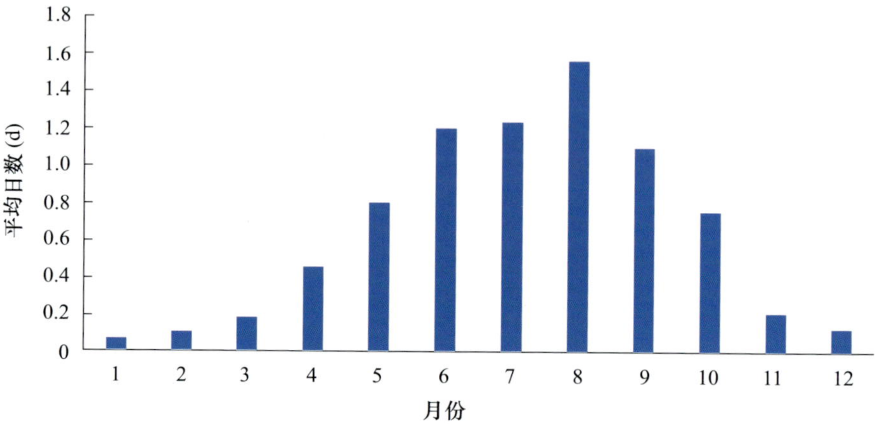

图 2.29　湛江月平均暴雨日数(1980—2020 年)

2.4.2　暴雨灾害

暴雨是湛江主要的气象灾害之一，影响湛江暴雨主要由台风、辐合带、锋面低槽等天气系统引起。暴雨的灾害主要有两种，暴雨渍涝灾害和暴雨洪水灾害。

暴雨渍涝灾害。由于暴雨急而大，排水不畅易引发积水成涝，土壤孔隙被水充满，造成陆生植物根系缺氧，使根系生理活动受到抑制，作物因受害而减产。在城镇，当雨水过多而超过排水能力时，水就会在路面流动，地势低的地方形成积水，造成城市内涝，对交通运输、工业生产、商业活动、市民日常生活等影响极大。2012 年第 13 号台风“启德”在湛江市麻章区登陆，湛江市区普降大暴雨，出现了严重的内涝灾害，多处路段积水严重，东堤出现最大水深 0.97 m，海滨水厂出现最大水深 0.93 m。2014 年 9 月 16 日，受第 15 号台风“海鸥”影响，湛江市区普降大暴雨，湛江市区多处出现内涝积水，人民大道北市公安局、棋川大道楼下村和海滨大道昌大昌路段等 12 个路段内涝积水特别严重，海滨水厂出现最大水深 1.20 m，东堤出现最大水深 1.39 m。

暴雨洪水灾害。由暴雨引发的洪水淹没作物，使作物新陈代谢难以正常进行而发生各种伤害，淹水越深，淹没时间越长，对农业、林业和渔业等危害越严重。暴雨造成江河泛滥，还会引发山洪、滑坡、泥石流等地质灾害，危害农作物，使部分养殖网箱、围塘损坏倒塌，使养殖网箱、围塘内的鱼虾碰撞擦伤，继发细菌性溃疡病等病害，冲毁农舍和工农设施、道路等，甚至造成人畜伤亡。例如，2012 年 4 月 18 日早晨受锋面低槽和切变线影响，湛江市中、北部普降暴雨、局部大暴雨，据吴川市三防办统计，农作物受浸面积共计 179839 亩，冲毁沙桥多座，损坏堤防多处。2007 年 8 月 10 日至 11 日，受台风“帕布”环流、热带辐合带、北部湾云团的共同影响，雷州西南部、徐闻县局部和遂溪县江洪、河头镇出现罕见特大暴雨，雷州龙门镇录得日雨量 768.2 mm，乌石镇录得日雨量 622.8 mm。雷州、徐闻、遂溪多个村庄的群众遭遇严重洪涝灾害，村庄被淹，道路被毁，桥梁冲垮，水利设施决口，农作物受损；湛江市 3 个县(市)24 个乡镇 86.5 万人受灾，直接经济损失达 16.2 亿元。

2.4.3 暴雨预报经验指标

湛江一年四季都有可能发生暴雨，主要集中在 4—10 月。4—6 月为前汛期，主要的天气系统有锋面、切变线、西南低涡、低空急流、高空槽等，暴雨区多出现在湛江北部的廉江和遂溪一带；而湛江南部的徐闻由于冷空气、切变线很难到达，降水很少，此时徐闻的暴雨主要由少数的热带气旋造成。7—10 月的暴雨主要由热带气旋、热带辐合带、东风波等系统造成，雷州、徐闻以热带气旋暴雨为主。本节将主要简述非台风引起的暴雨灾害预报。

2.4.3.1 暴雨预报关注点

(1)4—6 月前汛期暴雨天气系统

前汛期是东亚地区从春季到夏季环流过渡的时期，主要降水系统有冷锋、切变线、西南低涡、南支槽等。环流的季节变化从 4 月开始，到 6 月完成突变。前汛期北方冷空气减弱，但仍然能频繁南下渗透影响湛江，西太平洋副热带高压北移，夏季西南季风开始活跃。在这种背景下，湛江的暴雨多以对流性降雨为主，范围小、持续时间短、分布不均匀。

前汛期副热带高压脊线一般位于 14°～18°N，当副热带高压中心位于西太平洋时，湛江在其边缘北侧，充沛的水汽由西太平洋经中国南海向湛江输送；在西南季风爆发较早的年份，5—6 月西南季风将孟加拉湾水汽向湛江输送。同时，中国西南地区常有西南低涡东移发展，这种形势往往会给湛江市中、北部带来强降水。而强盛的西南风往往给湛江南部带来高温天气。另外，进入 5 月后，副热带高压脊线逐渐北抬，在副热带高压控制下，湛江气温也偏高。当冷空气和高空槽南下影响湛江时，冷暖气流作用往往很剧烈，在充沛的暖湿水汽条件下，容易产生暴雨、雷暴、雷雨大风、冰雹、短时强降雨等(图 2.30)。

(2)7—10 月后汛期暴雨天气系统

在 7—10 月后汛期，冷空气一般不能到达湛江，湛江暴雨一般由热带辐合带、南海季风槽、东风波、海陆锋引起。

热带辐合带是热带对流层低层风场的辐合带，一般出现在赤道两侧。当辐合带北抬，湛江位于副热带高压边缘处时，可引发暴雨。根据副热带高压的位置，可分为两类：一是 500 hPa 高空槽偏北偏东，副热带高压呈带状控制西南、江南和华南大部分地区，其脊线位于 26°N 附近，西脊点伸至 100°E 附近，湛江位于副热带高压南侧，且辐合带北抬至海南岛北部；二是 500 hPa 高空槽东移，湛江处于槽前，同时副热带高压位置偏南，湛江位于副热带高压北侧边缘。

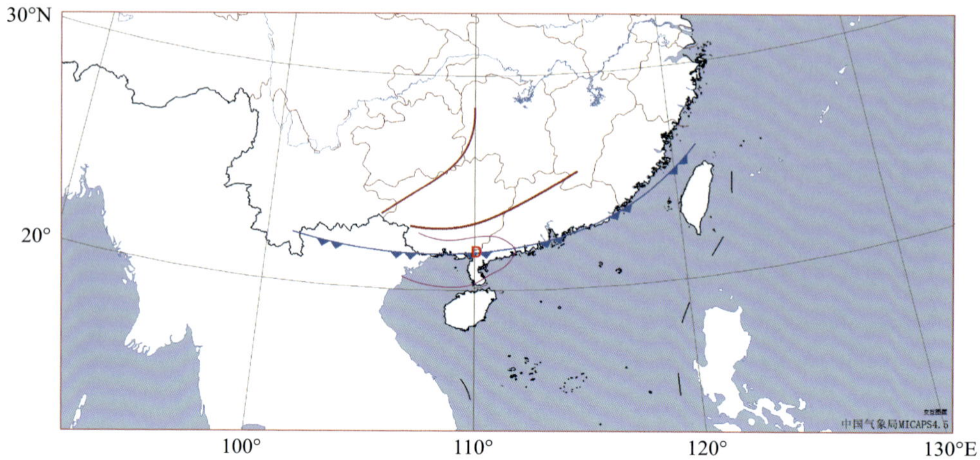

图 2.30　前汛期暴雨的典型天气形势

南海季风槽是赤道辐合槽的一种，主要是由来自孟加拉湾的暖湿西南气流与西太平洋的副热带高压南部的偏东气流辐合形成，主要存在于对流层的中、下层，而且低层结构少变，近乎垂直。南海季风槽的主要特点就是低层辐合、高层辐散，水汽来源丰富，是湛江后汛期暴雨的重要系统之一。季风槽的位置不同，造成的暴雨分布也不一样。

东风波形成于副热带高压南侧对流层中、下层的东风气流里，呈波状自东向西移动。东风波从中国南海东部移近湛江时，一般都会带来降水和雷暴等天气，当东风波与低层的低涡、低空急流或与南海季风槽相互作用时，可造成大范围暴雨。

湛江特殊的地理位置，三面临海，海陆受热不均匀午后易形成海陆锋，海陆锋一般不会造成大范围的暴雨，但是当其与南支槽、低空急流等天气系统相互配合时，往往会引起湛江大范围的暴雨。

(3)11 月—次年 3 月

这个时期暴雨主要由冷空气过程引起，但发生概率比较低。当冷锋过境或冷锋过境后变性暖高压脊后的东风回流造成湛江暴雨。春季冷空气活动频繁，但强度弱，水汽较充足，是雨雾天气多发的时段；秋、冬季冷空气强度大、空气干燥，是降水较少的时段。冷空气影响的降水北多南少，这主要因为冷锋到达南岭时强度减弱，加上水汽输送也相对减弱，所以引起的降水也较弱。

2.4.3.2　暴雨预报业务指标

(1)850 hPa 风场分型预报指标

湛江前汛期(4—6 月)出现暴雨的预报指标，以 850 hPa 风场进行分型，常见的有西南风型、切变线型和弱南风型，选取的主要指标站：南宁、梧州、阳江和海口。

①西南风型

4 月：

a)南宁吹 W—NE 风 3～6 m/s，$T \leqslant 16$ ℃，若 $T > 16$ ℃，则 $H \geqslant 151$ gpm。

b)南宁吹 ESE—S 风≤4 m/s，$T \leqslant 16$ ℃，$\theta_{se} \geqslant 73$ ℃。

c)南宁吹 SSW—WSW 风，若风速 5～6 m/s，$T = 17 \sim 19$ ℃，海口 $\theta_{se} > 69$ ℃；若风速 7～10 m/s，$T = 19 \sim 21$ ℃，海口 $\theta_{se} = 75 \sim 77$ ℃，(海口减南宁)$\Delta\theta_{se} \geqslant 1.5$ ℃，若风速 9～10 m/s，$T \leqslant 18$ ℃，$H = 148 \sim 151$ gpm，$\theta_{se} \leqslant 69$ ℃；若风速≥13 m/s，$T \leqslant 18$ ℃，$H \leqslant 148$ gpm。

d)南宁吹 SSW—W 风 11～12 m/s，$T = 15 \sim 21$ ℃，阳江 $H > 149$ gpm 或 $H < 145$ gpm。

符合上述条件之一，未来 1～3 d 湛江将有大到暴雨过程。

5 月：

a)南宁吹 ESE—SSE 风≤6 m/s，$T = 19 \sim 20$ ℃，$H \geqslant 145$ gpm。

b)南宁吹 S—W 风≤6 m/s，若 $T = 19 \sim 20$ ℃，$H = 143 \sim 145$ gpm 或 148～150 gpm；若 $T \geqslant 21$ ℃，$H \geqslant 147$ gpm，海口 $\theta_{se} \geqslant 79$ ℃。

c)南宁吹 SE—WSW 风 7～8 m/s，若 $T \leqslant 20$ ℃，$H \geqslant 149$ gpm；若 $T > 21$ ℃，$H \leqslant 47$ gpm，阳江 $\theta_{se} \leqslant 80$ ℃。

d)南宁吹 SSW—WSW 风≥9 m/s，若 $T \geqslant 21$ ℃，$H \leqslant 144$ gpm；若 $T \leqslant 20$ ℃，$H \geqslant 146$ gpm。

符合上述条件之一，未来 1～3 d 湛江将有大到暴雨过程。

6 月：

a)南宁吹 SE—SW 风≤4 m/s，$H \leqslant 147$ gpm。

b)南宁吹 S—SW 风＞4 m/s，若海口吹 SSW—NW 风≤4 m/s；若海口吹 SSW—WSW 风≥7 m/s，$\theta_{se} < 85$ ℃；若海口 $\theta_{se} \geqslant 85$ ℃；$H \leqslant 147$ gpm，则海口吹 SSW—WSW 风 7～8 m/s。

符合上述条件之一，未来 1～3 d 湛江将有大到暴雨过程。

②切变线型：

4 月：

a)南宁吹 S—WSW 风，若风速≥5 m/s，$H \geqslant 147$ gpm，$T = 15 \sim 18$ ℃或 $T \geqslant 21$ ℃，$H \leqslant 145$ gpm；若风速≤4 m/s，$H \leqslant 150$ gpm，$\theta_{se} \geqslant 72$ ℃。

b)南宁吹 WNW—NNW 风≥4 m/s，$H \leqslant 146$ gpm，$T \geqslant 17$ ℃，$\theta_{se} \geqslant 75$ ℃。

c)南宁吹 N—ENE 风，若风速≤4 m/s，$H \leqslant 48$ gpm，$T = 14 \sim 16$ ℃；若风速≥7 m/s，$H \geqslant 153$ gpm 或 $\theta_{se} \leqslant 42$ ℃。

d)南宁吹 E—SE 风≤4 m/s，$T = 13 \sim 17$ ℃，若 $H = 144 \sim 148$ gpm，阳江 $\theta_{se} = 70 \sim 77$ ℃；若 $H \geqslant 150$ gpm，海口吹 E—ESE 风≥6 m/s。

符合上述条件之一，未来 1～3 d 湛江将有大到暴雨过程。

5 月：

a)南宁吹 WNW—ENE 风≤6 m，$H \leqslant 148$ gpm。

b)南宁吹 ESE—SSE 风，$T \leqslant 19$ ℃。

c)南宁吹 S—W 风，$T \geqslant 19$ ℃，若 $T \leqslant 17$ ℃，则 $H \leqslant 148$ gpm。

符合上述条件之一，未来 1～3 d 湛江将有大到暴雨过程。

6 月：

a)南宁吹 NNW—ENE 风≥2 m/s，$T \leqslant 20$ ℃。

b)南宁吹 E—SW 风，百色吹 ESE—S 风≥5 m/s，$T \geqslant 20$ ℃。

符合上述条件之一，未来 1～3 d 湛江将有大到暴雨过程。

③弱南风型

4 月：

a)梧州吹 S—SW 风>14 m/s，$H \leqslant 146$ gpm，南宁 $\theta_{se} \geqslant 75$ ℃。

b)梧州吹 S—SW 风 11～14 m/s，海口 $H = 150 \sim 151$ gpm。

c)梧州吹 S—SW 风 7～10 m/s，若阳江吹 SW—SW 风 $H = 151 \sim 152$ gpm；若南宁吹 SSW—WSW 风≥8 m/s，$H = 144 \sim 146$ gpm，$\theta_{se} \geqslant 73$ ℃。

符合上述条件之一，未来 1～3 d 湛江将有大到暴雨过程。

5 月：

a)南宁吹 S—SW 风≤6 m，若 $T \leqslant 19$ ℃，海口 $\theta_{se} = 70 \sim 79$ ℃；若 $T \geqslant 20$ ℃，$H \leqslant 148$ gpm，海口 $\theta_{se} = 77 \sim 82$ ℃。

b)南宁吹 SE—SW 风 7～10 m/s，若 $T \geqslant 22$ ℃，$\theta_{se} \geqslant 83$ ℃；若 $T = 20 \sim 21$ ℃，海口 $T \geqslant 21$ ℃，$\theta_{se} < 86$ ℃。

c)南宁吹 SE—SW 风 7～10 m/s，$T = 17 \sim 19$ ℃，$H = 147 \sim 150$ gpm，阳江 $H = 148 \sim 152$ gpm，吹 E—WSW 风 5～10 m/s。

d)南宁吹 SE—W 风≥11 m/s，$T = 17 \sim 19$ ℃，$H \geqslant 147$ gpm，$\theta_{se} = 70 \sim 80$ ℃。

符合上述条件之一，未来 1～3 d 湛江将有大到暴雨过程。

6 月：

a)阳江吹 S—WSW 风≤10 m/s，$T \leqslant 19$ ℃，若海口 $H \leqslant 149$ gpm，$\theta_{se} > 74$ ℃；若海口 $H > 149$ gpm，则南宁 $\theta_{se} \geqslant 77$ ℃。

b)阳江吹 S—WSW 风≤8 m/s，$T \geqslant 20$ ℃，若三亚吹 WSW—ESE 风≤6 m/s，$T \leqslant 22$ ℃，若南宁 $\theta_{se} \geqslant 77$ ℃。

符合上述条件之一，未来 1～3 d 湛江将有大到暴雨过程。

(2)“31631”暴雨服务模式

暴雨预报业务执行“31631”预报服务流程：提前 3 d 发布暴雨过程预报。提前 1 d 发布精细到县(区)的暴雨落区预报，暴雨影响主要时段。提前 6 h 进入临灾精细化气象预警状态，定位暴雨影响高风险区域，适时发布暴雨预警信号。提前 3 h 发布精细到县(区)的预警，滚动更新降雨落区量级和风险提示，适时升级暴雨预警信号。提前 1 h 发布精细到镇(街)的定量降雨预报以及滚动提供降雨实况。

2.5 湛江强对流

2.5.1 强对流天气概况

湛江处于热带北沿，三面临海，海岸线长，海陆交接处地形复杂，喇叭口地形多，常年高温高湿，极易引发强对流天气，是广东省强对流天气的一个多发区。据统计，湛江强对流天气年平均发生 41.7 次，其中，雷雨大风最多，占 82.6%；冰雹和龙卷较少，分别占 13.0%和 4.4%。

2.5.1.1 强对流天气定义

强对流天气是指伴随雷暴现象的对流性大风(≥17.2 m/s)、冰雹、龙卷、短时强降水(≥20 mm/h)，是具有重大杀伤力的灾害天气之一。

强对流天气的特点是水平尺度小，生命期短，突发性强，破坏力大。强对气流天气属于中小尺度天气系统，水平范围大约在十几千米至二三百千米，有的水平范围只有几十米至十几千米；强对流天气生命期短暂并带有明显突发性，其生命期通常是 1 h 至十几小时，较短的仅有几分钟至 1 h。

由于短时强降水常常发生在暴雨期间，而关于暴雨灾害另有章节进行专门的讨论，本章节讨论的强对流天气主要是雷雨大风、冰雹、龙卷等。

2.5.1.2 强对流天气的活动特征

(1)年变化多呈双峰型

湛江一年四季均可发生强对流天气。强对流天气一般始于 3 月，10 月结束，个别年份可延续至 12 月，但主要出现在 3—9 月(春、夏两季)，占全年总数的 86%；年变化呈双峰型，主峰在 4—5 月，次峰在 8 月。

湛江各类强对流天气的年变化不尽相同。据 2012—2019 年资料统计，雷雨大风发生概率全年呈现双峰型分布(图 2.31)，主峰在 5 月、次峰在 8 月；3 月开始雷雨大风发生的次数逐渐增多，4—6 月为雷暴大风发生的主要时段，占全年总数的 63%。冰雹天气次数不多，多数发生在 2—6 月，而且 80%集中在 3—4 月，主峰在 4 月，降雹一般持续 10～20 min；3 月降雹大多发生在下半夜至上午，5 月出现在下午。龙卷年发生概率达 46%以上，每年一般有 1～2 次，最多超过 5 次；龙卷年变化也呈双峰型，主峰出现在 4 月或 5 月，次峰在 8 月或 9 月。

(2)日变化呈单峰型。

强对流天气发生概率日变化明显，傍晚前后发生概率最大。以雷雨大风发生概率为例(图 2.32)，午后呈阶梯式增多，17—18 时达到峰值，19 时之后迅速减少。雷雨大风发生概率日变化整体呈现 3 个阶段：20 时至次日 05 时，发生概率低，占 11%；05—13 时，发生概率中等，占 23%；13—19 时，发生概率高，占 66%。

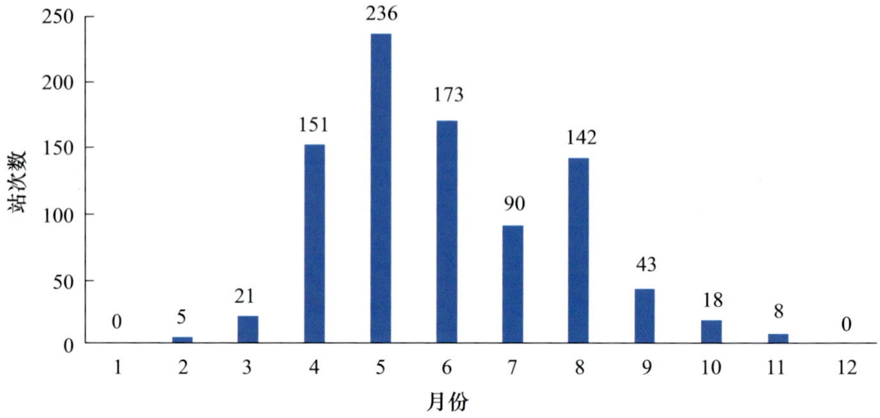

图 2.31　雷雨大风年变化(2012—2019 年)

冰雹发生多见于午后和早晨,通常与大风、雷暴相伴出现;凌晨出现这类天气的概率由北向南减少。

龙卷具有与冰雹类似的日变化特点。

强对流的日变化还随季节而异,各类强对流天气主要发生在下午(12—20 时),尤其是夏季,76%的强对流发生于下午,而上半夜(20—00 时)很少发生;在春季,各类强对流多发生在下午和清晨前后(00—08 时),也是上半夜甚少。

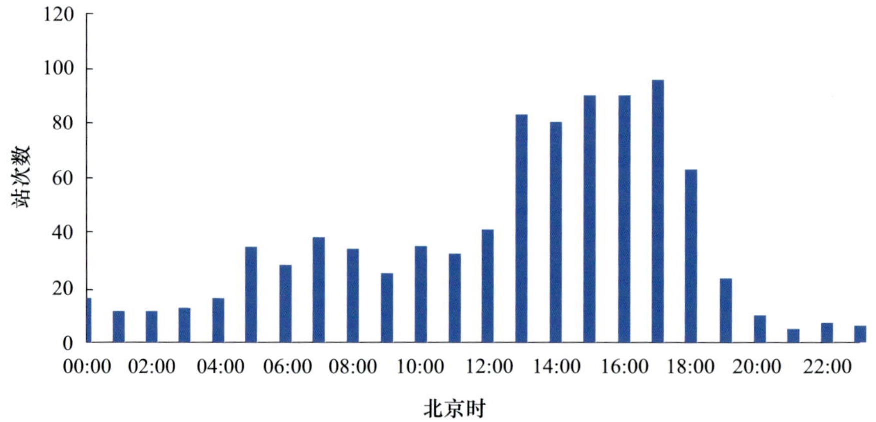

图 2.32　雷雨大风日变化(2012—2019 年)

(3)局地性明显

湛江强对流天气的分布具有明显的局地性。雷雨大风全区都有可能发生,多发区却集中在沿海一带水陆交界的地区;廉江、遂溪是多冰雹地区,其他地区也有发生;廉江长山镇、遂溪草潭镇、雷州东里镇是龙卷多发区。

(4)雷暴频发

湛江以“雷”而著称,一年四季均有电闪雷鸣。年平均雷暴日数 80～112 d,最多

106～125 d。5—9 月，每月平均 15～23 d，最多 24～28 d。湛江市区、徐闻、雷州打雷最多，多雷暴年份的 5 月、8 月，雷暴日数达 28 d，几乎天天闻雷，故有“雷州”之称。

雷暴日数年变化呈单峰型（图 2.33），春末至秋初雷暴最多，峰值在 7 月或 8 月。各地 12 月和 1 月雷暴均最少，除特殊年份，一般没有强雷暴发生。

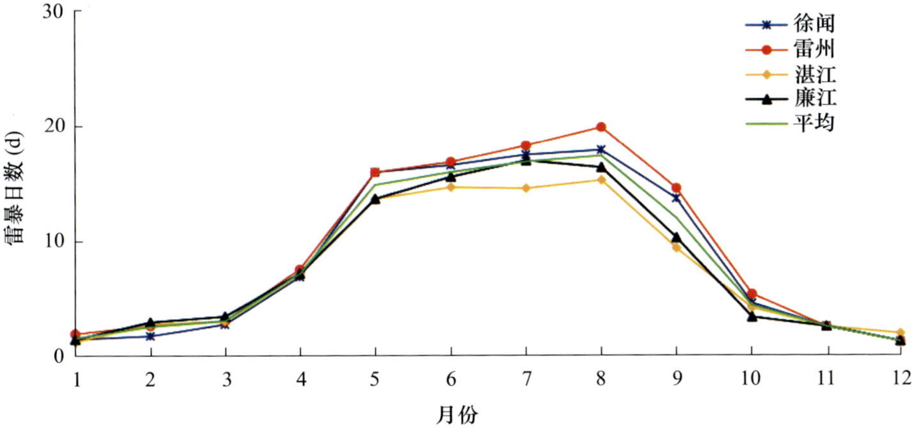

图 2.33　雷暴日数年变化（1960—2007 年）

湛江各地雷暴每天主要出现在 14—20 时，17 时前后是雷暴发生的高峰期，午后热雷雨占雷暴天气的 60％以上（图 2.34）。

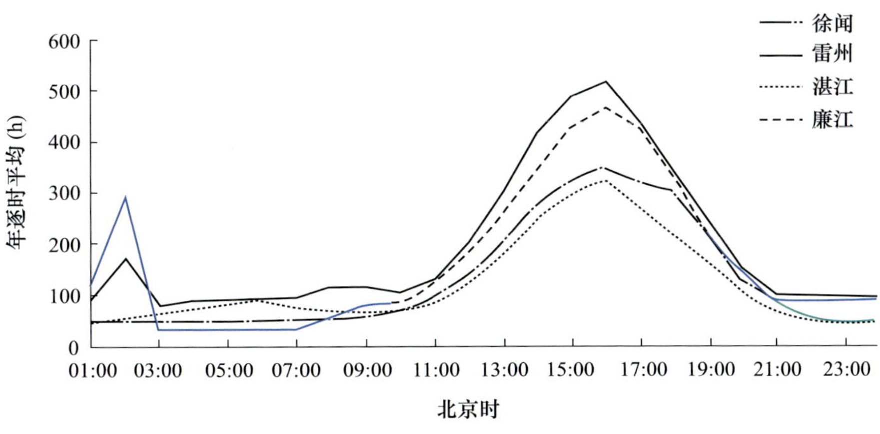

图 2.34　湛江雷暴日变化（1960—2007 年）

2.5.2　强对流天气灾害

强对流天气的危害非常大，给社会经济建设、人民生命财产带来很大威胁。

雷雨大风对工业设施、交通运输、农林、畜牧业都有影响，特别对农业生产危害最大。雷雨大风带来的强风可造成林木和农作物倒伏、折秆、断枝、落叶、拔根、落果等。

冰雹是一种固体降水，质地坚硬、质量大，从高空积雨云中降落到地面时破坏力非常大，并常常伴有大风、剧烈的降温和强雷电。一场冰雹袭击，轻者造成农作物减产，重者造成农作物绝收。冰雹灾害的轻重，主要取决于冰雹的破坏力和作物所处的生育期。雹害一般可分为轻雹害和重雹害。轻雹害的冰雹直径≤2 cm，雹块大小如豆粒、枣子，农作物茎叶被砸伤残；重雹害的冰雹直径＞2 cm，雹块大小如杏、核桃，雹块溶化后，地面雹坑累累，土壤严重板结，农作物地上部分被砸秃，地下部分也受到一定程度的伤害。

龙卷按它的破坏程度，划分为不同等级。国际上划分为0～5增强藤田级数，简称为EF级，由1971年芝加哥大学的藤田哲也博士提出。

EF0级：风速约29.2～38.1 m/s，虽然较弱，但还是足以把树枝吹断，把较轻的碎片卷起来击碎玻璃，一些烟囱会被吹断；出现概率极高，占53.5%。

EF1级：风速约38.2～49.2 m/s，可以把屋顶吹走，把活动板房吹翻，一些较轻的汽车会被吹翻或刮离路面；出现概率较高，占31.6%。

EF2级：风速约49.3～60.3 m/s，可以把沉重的甘草包吹出去几百米远，把一棵大树连根拔起，货车可以刮离路面；出现概率中等偏低，占10.7%。

EF3级：风速约60.4～73.9 m/s，可以把一辆较重汽车吹翻，树木被吹离地面，房屋一大半被毁，火车脱离轨道；出现概率低，占3.4%。

EF4级：风速74.0～89.4 m/s，可以把一辆汽车刮飞，把一幢牢固的房屋夷为平地，树木被刮到几百米高空；出现概率很低，占0.7%。

EF5级：风速超过89.4 m/s，房屋被吹毁，汽车被刮飞，路面上的沥青也会被刮走，货车、火车、列车全部脱离地面；出现概率较高，占20%～45%。

在判定龙卷发生的基础上，中国以龙卷发生时近地面阵风风速最大值为指标，将龙卷强度分为四个等级(表2.5)。

表2.5　龙卷强度等级(QX/T478—2019)

等级	龙卷强度	阵风风速(m/s)	致灾程度
一级	弱	$V_{max} \leqslant 38$	轻度
二级	中	$38 < V_{max} \leqslant 49$	中等
三级	强	$49 < V_{max} \leqslant 74$	严重
四级	超强	$V_{max} \geqslant 74$	毁灭性

近年来，湛江一些强对流天气灾害个例：

2002年12月19日下午—20日凌晨，雷州半岛中、西部沿海遭遇了百年不遇的冰雹、强降雨、雷雨大风等强对流天气袭击，并根据雷达资料推测，也可能出现了龙卷。最大冰雹直径4 cm以上；地面堆积冰雹普遍厚20 cm；最厚超过1 m；湛江东海岛日雨量达102.8 mm；雷州客路镇最大风力10级(27.8 m/s)。强对流风暴所过之处，大树被连根拔起，房屋被砸烂，作物被毁灭，船只被翻沉，伤亡和经济损失极为严重。

2009 年 3 月 29 日 16 时，雷州市南兴镇岭高村、新村、下寮、东林等村庄出现冰雹天气，降雹时间持续 15～30 min，冰雹直径多数为 2～3 cm，最大冰雹直径约 5 cm，两位村民被冰雹砸致轻伤；松竹镇党委农场 2 人遭雷击死亡。

2009 年 3 月 29 日 18 时 15 分，廉江市良垌镇受冰雹袭击，降雹持续时间 8 min。据廉江市三防办统计，10 个村委会受影响，损坏房屋 850 间，摧毁香蕉 550 亩、秧苗 81 亩，损害荔枝 2900 亩，蔬菜及其他农作物受灾 1200 亩。

2009 年 8 月 6 日傍晚，徐闻县角尾乡北寮村出现雷雨大风，30 多间房屋被刮坏，少数树木被刮倒刮断。直接经济损失约 30 万元。

2009 年 8 月 6 日 22 时，雷州市北和镇境庄村委会谢宅山村出现龙卷，持续时间约 5 min，估计最大风力 9 级，阵风 10～11 级，经济损失 300 万元。

2010 年 5 月 10 日，受高空槽影响，徐闻县普遍出现强雷电和雷雨大风天气，最大风力 6 级(13.0 m/s)，阵风 9 级(23.5 m/s)，部分供电设施被雷电击坏，少数香蕉被雷雨大风刮倒刮断。

2012 年 4 月 27 日 14 时 10 分—15 时 30 分，遂溪县出现暴雨、冰雹和雷雨大风等强对流天气，2 h 内降雨量 94.4 mm，冰雹最大直径达 4 cm、过程约 50 min，雷雨大风过程约 40 min；遂溪县新气象观测站录得阵风 9 级(23.4 m/s)、旧气象观测站录得阵风 11 级(30.8 m/s)。据遂溪县三防办统计，房屋受损 3068 间、农作物受灾 10700 亩、损毁花卉大棚 16 万 m^2、猪场 9000 m^2。直接经济损失 1090 万元。

2012 年 4 月 18 日，吴川市受强降水、雷雨大风、冰雹等强对流天气袭击。据吴川市三防办统计，15 个乡镇受灾，受灾人口 6 万，倒塌房屋 17 间，损坏房屋 798 间，农作物受浸共计 179839 亩，鱼塘损失 2175 亩，死亡家禽 2600 只、伤 17500 只，死亡生猪 36 头、伤 200 头，损坏水闸 15 座，冲毁塘坝 6 座。直接经济损失 1.08 亿元。

2013 年 5 月 7 日 16 时 40 分前后，雷州市雷高镇题桥村委会、品题村委会等地出现龙卷，影响持续时间约 8 min，估计最大风力 11 级，阵风 12 级以上。受龙卷袭击，受灾群众有 29 人，房间受损 21 间，香蕉受损 100 多亩。估计经济损失 50 多万元。

2019 年 4 月 12 日 18 时前后，雷雨大风袭击徐闻县和安镇，当时录得最大阵风 11 级(30.7 m/s)。

2.5.3 强对流天气预报经验指标

2.5.3.1 强对流天气预报关注点

强对流天气共同特性：对流发展旺盛，降水量或降水强度大。因此，发生强对流天气需要满足三个基本的天气条件：丰富的水汽含量和水汽供应来源；不稳定层结；足够的抬升启动机制。

(1)水汽含量和水汽供应来源的分析和预测

对流云中水汽凝结不仅是降水物本身的来源，而且它释放出的凝结潜热也是保证深对流发展的能量来源。水汽含量的多寡可以从天气图、探空曲线(T-$\ln p$图)的气温、露点差、比湿及相对湿度等气象要素分析。但是，即使气柱中所含水汽全部凝结降落，也只有50～70 mm的降水，而一般大暴雨的降水量远大于这个数值，说明必须从云体外部有丰富的水汽源源不断地供应对流云，才能维持它的持续发展。由于中、高层水汽含量低，水汽的输送主要依靠低层的水汽辐合。水汽辐合区可以从低层天气图散度场的辐合区与湿度场相叠加或者从水汽通量散度做分析。

在中、低层天气图(850～700 hPa)分析中不难发现，低层水汽辐合可形成一条明显的湿舌，即对流层下部的暖湿空气带，它也是一条静力能量的高值区。强对流系统常常在湿舌的西侧开始爆发，之后向南向东传播。同时，湿舌与其北及西北或东北侧干区组成的强湿度梯度或称作湿锋、干线或露点锋也是强对流的一种触发机制。湿区上升运动与干区下沉运动构成中尺度垂直环流，因而也是龙卷等强对流天气最常发生的区域。

(2)不稳定层结的分析和预测

大气的层结稳定度或不稳定能量可以直接在T-$\ln p$图上进行分析。

①K指数

$$K=(T_{850}-T_{500})+T_{d850}-(T-T_d)_{700}\quad(单位:℃)$$

式中：右侧第一项($T_{850}-T_{500}$)为850 hPa与500 hPa的温度差，代表温度递减率；第二项T_{d850}为850 hPa的露点，表示低层水汽条件；第三项$(T-T_d)_{700}$为700 hPa的温度露点差，反映大气中层饱和程度和湿层厚度。

从上述分析可以看出，K指数是反映大气稳定度和湿度条件的综合指标。一般K值越大，表示大气层结越不稳定。K指数大小与雷雨天气有如下关系：

$K\leqslant 20$ ℃　　无雷雨；

20 ℃$<K\leqslant$25 ℃　　可能有孤立雷雨；

25 ℃$<K\leqslant$30 ℃　　可能有零星雷雨；

30 ℃$<K\leqslant$35 ℃　　可能有分散雷雨；

$K>35$ ℃　　可能有成片雷雨。

②沙氏稳定度指数(S_i)

定义为500 hPa等压面上的层结曲线温度(T_{500})与气块从850 hPa层沿干绝热线抬升到凝结高度后，再沿湿绝热线抬升到500 hPa的温度(T_s)之差。

$$S_i=T_{500}-T_s$$

式中：$S_i\geqslant 0$表示气层稳定，$S_i<0$表示气层不稳定。S_i负值越大，越不稳定。

S_i可用于预报局地对流天气。据国外统计，S_i指数大小与雷暴活动有如下关系：

$S_i\geqslant 3$ ℃　　不大可能出现雷暴天气；

0 ℃ $\leqslant S_i <$ 3 ℃　　有发生阵雨的可能；

−3 ℃ $\leqslant S_i <$ 0 ℃　有发生雷暴的可能；

−6 ℃ $\leqslant S_i <$ −3 ℃ 有发生强雷暴的可能；

$S_i <$ −6 ℃　　　有发生龙卷的可能。

注意：当 850 hPa 与 500 hPa 之间有锋面或逆温时，不能使用 S_i 指数。

(3)抬升启动机制的分析与预测

通常，在对流性天气发展之前大气层结是处在条件不稳定或者对流不稳定状态，这就要求有足够强度的抬升启动作用，将低层气块或气层抬升到自由对流高度后，才能使自由对流发展，释放不稳定能量，使其由位能形式转化为垂直运动动能。这样的抬升作用，可能来自天气系统本身，也可能来自地形强迫或局地热力影响等某个方面。

中小尺度对流天气系统一般都出现在相应的天气尺度系统中。天气尺度系统的上升运动速度虽然只有 5 cm/s 左右，但若持续作用 6 h 以上也可以使下层空气抬升约 100 hPa，并消除下层的稳定层结，达到自由对流高度。绝大多数雷暴等对流天气都发生在气旋锋面或低空低涡、切变线、低压及高空槽等天气系统中。这些天气系统的低空辐合上升运动都是较强和持续性的。

此外，在水汽和下层稳定度条件适当的情况下，只要出现低层的辐合就能触发不稳定能量释放，引发对流天气。

2.5.3.2 强对流天气预报业务指标

(1)多普勒雷达预报冰雹判据

雷达回波组合反射率剖面有穹隆结构；雷达回波组合反射率有三体散射特征；雷达垂直液态含水量 VIL≥60 kg/m^2；雷达 0 ℃层高度 5 km 左右。

满足以上判据，可以发布冰雹预警信号。

(2)多普勒雷达预报雷雨大风判据

雷达回波组合反射率≥60 dBZ，大风 6～7 级；雷达回波组合反射率≥65 dBZ，大风 8～9 级；雷达回波组合反射率≥70 dBZ，大风 10～11 级。

满足以上任一判据，可以发布对应等级的雷雨大风预警信号。

(3)强对流天气预报技术分型

根据强对流天气出现的天气形势特征划分天气型，选取邻近的探空站预报指标给雷达监测强对流提供信息，以达到预警的目的。

A 技术规定：

①强对流统计标准

除冰雹、龙卷、飑线及雷雨大风(≥17 m/s)按常规气象观测记录进行统计外，对强暴雨特作如下规定：降雨强度达到≥60 mm/h 或≥130 mm/(3 h)或≥180 mm/(6 h)。

②预报时效和起报规定

根据08时天气形势分型及预报指标，制作14时至次日02时强对流天气预报；根据20时天气形势分型及预报指标，制作次日02时至14时强对流天气预报；预报时效为18～24 h。

③指标站的选取

北海、阳江、海口3个站的探空资料作为确定指标站点。

B 技术分型：

分析08时和20时的地面和高空形势，划分为4个天气型：a型（冷锋型）、b型（静止锋）、c型（槽前型）、d型（台前型）。

① a型（冷锋型）

地面冷锋（呈东北—西南走向）＋低槽，进入25°—28°N，锋后24 h正变压达10～20 hPa；

850 hPa切变线与地面冷锋同步南移，切变北侧吹偏北风≥14 m/s，南侧吹西南风≥10 m/s；

500 hPa高空槽进入（25°—35°N，105°—110°E），并向东南移。

3个条件同时满足，预报有强对流天气发生。

② b型（静止锋）

静止锋（含弱冷锋）＋低槽位于20°—25°N；

500 hPa有冷槽进入（20°—30°N，100°—115°E），或850 hPa在20°—25°N有切变线，或者前一天至当天850 hPa北部湾上空吹≥12 m/s的南—西南风（低空急流）；

两个条件同时满足，预报有强对流天气发生。

③ c型（槽前型）

云贵及广西地面为低槽或低涡（低槽伸向北部湾及中国南海），粤东到珠江口沿海为弱脊，湛江处于槽前；

500 hPa有南支槽进入（20°—30°N，100°—115°E）加深东移，华南地面到高空（处于槽前）气压普遍明显下降；

850 hPa在（18°—25°N，100°—115°E）范围内有西南风与东南风切变、风速辐合或吹≥12 m/s的南—西南风（低空急流）。

3个条件满足其中之一，预报有强对流天气发生。

④ d型（台前型）

台风或热带低压中心进入118°E以西、19°N以北的中国南海北部海面，并向西—北移动，湛江受地面西伸的台风（低压）槽影响；

850 hPa台风（低压）中心外围环流风速有二站≥15 m/s，粤西受（东北与偏西风辐合线）影响；

500 hPa副热带高压脊线位于25°—30°N。

3个条件同时满足，预报有强对流天气发生。

⑤按月分型确定指标

北海、阳江、海口3个探空站，至少有两个站达到分型表(表2.6)的温、湿度条件和对流指标，预报有强对流天气发生。

表2.6 北海、阳江、海口3站对流指标

月份	分型	850 hPa温湿条件	对流指标
3月	a/b/c/型	$\theta_{se}\geqslant63$ ℃	$K\geqslant36$ ℃或$\Delta\theta\leqslant-11$ ℃
4月	a/b/c/型	$\theta_{se}\geqslant65$ ℃	$K\geqslant36$ ℃或$\Delta\theta\leqslant-13$ ℃
5月	a型	$\theta_{se}\geqslant78$ ℃	$K\geqslant38$ ℃或$\Delta\theta\leqslant-13$ ℃
	b/c/型	$\theta_{se}0\geqslant70$ ℃	$K\geqslant36$ ℃
6月	b/c/型	$\theta_{se}\geqslant75$ ℃	$K\geqslant36$ ℃
	d型	$\theta_{se}\geqslant80$ ℃	$K\geqslant38$ ℃

* 注：θ_{se}假相当位温；$\Delta\theta$为500 hPa减850 hPa假相当位温差；K为K指数。

(4)雷雨大风天气形势

锋面低槽是前汛期影响湛江雷雨大风的重要天气形势。每年3—5月西路冷空气南下，在湛江形成锋面低槽天气形势，引起雷雨大风天气的发生。3月湛江的雷雨大风天气主要是由锋面低槽天气形势影响引起。4—5月多有西风槽影响引起的雷雨大风天气。6月后冷空气几乎不会到达湛江，影响系统主要为辐合带、季风槽等热带系统。其他还包括副热带高压边缘及均压场控制下的地面受热不均等较少发生雷雨大风天气的天气系统。

①锋面低槽型。西路冷空气南下时，伴随锋面低槽南压影响湛江，配合副热带高压减弱东移，一般都容易出现8级以上雷雨大风，假如500 hPa的槽线东移影响明显，雷雨大风的范围会扩大，并伴随局部的强降水天气。该类型形势发生的频次为3～5次/a，3月最多，4月次之，6月罕见。

②西风槽过境型。500 hPa西风槽也是湛江前汛期主要天气系统之一。西风槽前的西南抬升气流能够触发降水天气的发生。在低层至地面盛行东南气流的同时或东路冷空气带来偏东气流在湛江辐合时，更容易触发雷雨大风天气。这类型天气形势是湛江3—4月发生雷雨大风的主要天气形势，与锋面低槽型的中层(500 hPa)差别在于锋面低槽型天气形势中的西风槽不一定过境，且雷雨大风天气也没有锋面低槽型强烈，影响的区域也较小。

③北部湾低槽型。北部湾到莺歌海一带为弱低压槽控制，有低压槽在莺歌海形成后，中国南海的偏南气流在雷州半岛的东北近海向西偏转为东南风，与北部湾的偏南气流在湛江北部形成辐合线；925～850 hPa有切变线存在，北部湾到湛江西岸为偏南到西南风，但靠岸有辐合或急流近岸辐合，加上500 hPa有西风槽东移影响，也容易出现雷雨大风等强对流天气。该类形势5—6月多见。

④季风槽北抬型。5月西南季风爆发后，中国南海北部盛行西南气流，低层至地

面受西南风影响，湛江基本为高温少雨天气。在西南气流的北部常存在季风槽，季风槽在湛江南北摆动情况下，地面热力充足且受热不均匀，也容易引发雷雨大风天气，该类形势一般出现5月中旬至6月。

⑤后汛期雷雨大风天气形势主要可归纳为两类：副高边缘南风型、东风扰动型，分别占54%和46%。

副高边缘南风型。其主要特点是西风槽主要在100°E以西或25°N以北的地区活动，而副热带高压脊线主要维持在21°N以南，其副热带高压西伸脊点在112°E以西摆动，湛江处于副热带高压5880 gpm等高线范围内或其西北侧，有时川渝一带有西南涡发展，925 hPa存在一支西南或偏南急流从海南岛指向两广北部地区，地面在中南半岛北部到广西西部存在暖中心，日最高气温常超过30 ℃。此类天气背景下，午后湛江或海南岛受海陆地形影响，近地面形成辐合线，有时在辐合线附近不断发展形成雷暴，雷暴云团随中高层引导气流快速向东北方向移动，地面出现灾害大风。主要发生在6—7月，占所有个例的54%。

东风扰动型。副热带高压脊线位于23°N以北，湛江处于副热带高压西侧或西南侧，或者副热带高压东退到太平洋上，在25°N以南有明显的热带气旋、季风槽或其他低值系统，受系统环流影响或热带气旋外围的环流（非本体）触发形成雷暴。东风型主要发生在7—10月，占所有个例的46%。典型个例：2013年6月2日，台风“妮妲”的外围飑线过程。

据近10 a一些要素资料统计（表2.7），湛江雷雨大风发生前大气可降水量中值为55.9 mm，大气湿层厚度中值为2.4 km。对流有效位能中值为2555.8 J/kg，这高于杨新林（2017）的研究结果。下沉对流有效位能表示雷暴产生强烈下沉气流潜势的大小，其中值为689.7 J/kg。850 hPa与500 hPa温差的中位值为25 ℃，K指数中值为37 ℃，潜在下冲气流指数中值为1.4 ℃，0～6 km风垂直切变表征环境动力条件，其中值为6.7 m/s。

表2.7 湛江雷雨大风环境条件

物理量	符号（单位）	中值	10%分位数	90%分位数
大气可降水量	PWAT(mm)	55.9	41.8	64.3
湿层厚度	H_{wet}(km)	2.4	0.4	5.1
对流有效位能	CAPE(J/kg)	2555	933	4895
下沉对流有效位能(600 hPa)	$DCAPE_{600}$(J/kg)	689	360	1254
850 hPa与500 hPa温差	$\Delta T_{850-500}$(℃)	25	23	27
0～3 km风垂直切变	SHR_3(m/s)	8.0	3.6	13.7
0～6 km风垂直切变	SHR_6(m/s)	6.7	2.8	17.2
K指数	K(℃)	37	31	41
潜在下冲气流指数	MPDI (℃)	1.4	0.9	2.0

根据环境参量的 10%和 90%分位数，湛江雷雨大风过程绝大多数发生的环境条件参量为：大气可降水量≥41.8 mm，湿层厚度>0.4 km，对流有效位能>933 J/kg，下沉有效位能>360 J/kg，850 hPa 与 500 hPa 温差>23 ℃，0～3 km 风垂直切变>3.6 m/s，0～6 km 风垂直切变>2.8 m/s，K 指数>31 ℃，潜在下冲气流指数<2 ℃。

2.6 湛江冷空气

2.6.1 冷空气概况

冷空气在天气变化中起到至关重要的作用。虽然湛江地处广东西南部，纬度低，又有南岭山脉、云开山脉的天然屏障作用，但还是会受到冷空气的频繁影响。冷空气影响湛江一般从 10 月上旬开始，到次年 4 月结束，但各年环流形势不同，冷空气开始和结束的时间也不同。最早时 9 月中旬就有冷空气影响湛江，甚至造成海面强风。

2.6.1.1 冷空气强度的定义

湛江没有制定本地冷空气活动强度标准，主要参考广东省气象局定义的标准执行。

(1)寒潮

受大范围冷空气侵袭，致使日平均气温在冷空气到达后 1 d 内急剧下降超过 8 ℃，或 2 d 内日平均气温急剧下降超过 10 ℃，同时过程最低气温降至 5 ℃或以下，则将这种强冷空气称为寒潮。

(2)强冷空气

受北方冷空气影响，出现以下情形之一者称为强冷空气。

①日平均气温在冷空气到达后 1 d 内急剧下降超过 8 ℃，或 2 d 内日平均气温急剧下降超过 10 ℃，但过程最低气温未能降到 5 ℃或以下；

②日平均气温在冷空气到达后 1 d 内下降 6.0～7.9 ℃，或 2 d 内日平均气温下降 8.0～9.9 ℃，同时广州五山观测站过程最低气温降至 7 ℃或以下。

(3)中等强度冷空气

受冷空气影响，日平均气温在冷空气到达后 1 d 内下降 4.0～5.9 ℃，称为中等强度冷空气。

(4)弱冷空气

受冷空气影响，日平均气温在冷空气到达后下降不足 4 ℃的，称为弱冷空气。

值得注意的是，上述定义强调一次性降温幅度为主，未考虑一些持续补充性的冷空气。实际上，一些非常低的气温并非一定出现在寒潮或强冷空气影响期间，造成湛江地区极端低温的往往是一些持续性补充的冷空气过程。所以，除预报好寒潮和强冷空气过程外，还要做好低温及其趋势预报。

2.6.1.2 低温和霜冻

(1)低温

在冷空气影响下,湛江最低气温出现 5 ℃或以下,称为低温。

(2)霜冻

霜,也称白霜。近地面空气中水汽直接凝华在温度低于 0 ℃的地面上或近地面物体上的白色松脆冰晶。有时先凝结成露,当温度降至 0 ℃后又形成冰珠,也是霜的一种。地面出现白霜或虽然没有结霜,但地面温度降到 0 ℃以下,称为黑霜;白霜和黑霜都会造成农作物冻害,统称霜冻。湛江无结冰现象。

2.6.1.3 低温阴雨过程

一次低温阴雨过程需达到以下标准之一。

①日平均温度≤12 ℃、持续时间≥3 d;

②日平均温度≤15 ℃、日照≤2 h、持续时间≥7 d。

2.6.1.4 海面强风

海面强风是湛江沿海海面冬半年主要灾害天气之一。每年 9 月—次年 4 月,受北方冷空气影响,代表站硇州岛(59750)出现 6 级或 6 级以上(≥11 m/s)的偏北(含东北)风或偏东风时,就定义湛江海面出现强风。北部湾海面和粤西海面的强风主要是中、西路冷空气影响产生。

2.6.1.5 冷空气活动特征

(1)冷空气活动频率

冷空气影响湛江一般是从每年的 10 月中、下旬开始至次年的 4 月中、下旬结束,大多是弱冷空气,寒潮很少发生。据 1980—2020 年资料统计,年均冷空气影响 45 次,其中,弱冷空气 36.7 次,占 81.6%;中等强度冷空气 4.9 次,占 10.9%;强冷空气 3.3 次,占 7.3%;寒潮 0.1 次,占 0.2%。强冷空气持续影响最长时间 5 d(1984 年 12 月 17—22 日),寒潮持续影响最长时间 10 d(1996 年 2 月 17—27 日);湛江各地寒潮发生次数:廉江 7 次、遂溪 5 次、雷州 4 次、吴川和徐闻均 3 次、湛江市区 2 次。

(2)冷空气入侵路径

入侵湛江的冷空气路径可分为西路、中路、东路。西路冷空气影响一般是干冷天气为主;中路冷空气影响干冷天气、湿冷天气都可能发生;东路冷空气影响以湿冷天气为主。

①西路冷空气:冷空气主力从河套以西经四川、贵州、广西南下,先影响北部湾,后影响湛江以东海面。

②中路冷空气:冷空气主力从河套附近南下,经两湖盆地越过南岭,同时到达粤中、粤西沿海海面。

③东路冷空气:冷空气主力从河套以东经华北、华东、福建、台湾海峡,先影响粤

东海面，后影响粤中到粤西海面。

此外，有些冷空气主力从黄海、东海南下，经台湾岛以东洋面、巴士海峡向西回流影响中国南海北部造成海面偏东大风。

(3)海面强风活动规律

海面强风是冬半年受北方冷空气影响产生的主要天气现象之一，北方冷空气的强度越强，产生的海面强风的风力越大，影响就越大。一般来说，西路冷空气的变化比较小，强风风势较猛，会造成北部湾北部海面、粤西海面首先出现强风。中路冷空气全面影响中国南海北部海面，大多会造成广东海面全线同时出现强风。东路冷空气往往不会造成湛江附近海面出现强风，但少数情况冷高压脊明显西伸，也会造成湛江附近海面的强风，而偏东强风大多由东路冷空气或冷空气主体东移后从海面向西回流产生。

海面强风具有明显的日变化特征，粤西海面和琼州海峡吹偏东风时，白天风速大于夜间，这主要是海陆风效应和特定地形(海陆分布)共同作用的结果。在相同的天气形势下，午后到上半夜的风力要比早晨大 1～2 级，并且夜间到早晨风向存在逆时针旋转，午后到上半夜风向存在顺时针旋转的现象。而北部湾北部海面强风的起风时间一般在上午。

湛江附近海面的强风过程最早出现在 9 月中旬，最迟在 4 月下旬结束。

秋、冬季(9 月—次年 1 月)海面强风具有发生频繁、风力大、维持时间长、影响海域广、影响纬度较低等特点。同时，冬季海面强风还具有外海(离海岸线 150 km 外)的风力大于内海风力的特点。

春季(2—4 月)：北方冷空气的势力开始减弱，海面强风有逐月减弱的特征，但强风出现的频数还是比较大的，尤其是 2—3 月，且 2—3 月仍然是 8 级以上大风的多发期之一。但春季强风影响中国南海海面的纬度已经开始北移，湛江附近海面强风出现的频数逐渐减少，偏东大风出现频率增大。春季的冷空气大多从东路入侵南下影响中国南海，冷空气回流造成中国南海北部海面的偏东强风。偏东强风的风力比偏北大风弱，但由于涌浪大，海水混浊，对海上作业也会造成较大影响。

(4)低温霜冻活动规律

每年 12 月—次年 1 月，是湛江各地的冷期，也是低温霜冻的最活跃期，通常每年有一次低温过程，也可能伴随霜冻过程，个别年份可能出现两次霜冻过程(表 2.8)。初霜最早在 11 月 14 日(遂溪)，终霜最迟 2 月上旬(廉江)；霜发生概率最大的是遂溪，最长一次霜期可持续 8 d。

表 2.8 湛江各地白霜统计(1980—2020 年)

地　区	廉江	遂溪	湛江	吴川	雷州	徐闻
有霜概率(%)	14	23	6	8	7	7
连霜 1～2 d(次)	8	9	3	3	3	3
连霜≥3 d(次)	0	4	0	2	1	0

(5)低温阴雨活动规律

湛江每年2—3月常出现低温阴雨天气,出现低温阴雨年份占80%～90%。低温阴雨是暖湿气流与冷空气在湛江上空持续对峙的结果。2—3月南方暖湿空气已逐渐加强,而北方较强冷空气仍然频繁南下,当暖湿空气与南下的冷空气在湛江地区上空交绥时,锋面停滞或徘徊于华南及其近海,湛江就会出现连绵低温阴雨。每次低温阴雨过程大多持续3～5 d,最长可达20～30 d(1968年)。

2.6.2 强冷空气灾害

湛江地处北热带地区,农作物品种一般都是热带、亚热带喜温作物,气温低于10 ℃,将对这些作物产生严重影响,气温低于5 ℃将有致命影响。对于水产养殖也一样,一旦气温降至10 ℃以下,鱼卵就会大量死亡或者生长出现畸形,寒潮、强冷空气等极有可能造成鱼类呼吸不畅、免疫力下降、大量死亡。

虽然湛江年平均气温较高,但在每年隆冬时期(12月—次年1月)强冷空气(寒潮)爆发,湛江也会出现低温、霜冻等寒害,对种植业、水产养殖业造成严重影响。据统计,湛江寒害的主要受灾对象是瓜菜、香蕉、菠萝等热带经济作物以及罗非鱼、对虾等热带鱼类。如,1999年12月下旬,湛江连续多日出现霜冻,造成大面积的北运菜、越冬作物、禽畜、鱼虾被冻死,直接经济损失达30多亿元。20世纪90年代以来,湛江大力推广高产量、高质量、高效益的“三高”农业,这类“三高”农业作物、生物抗御寒害能力较差,使冬季寒害的发生面积扩大,造成的损失明显加重。

湛江地区常出现连续低温阴雨天气正值春播季,温度低、日照少的低温阴雨天气对春播春种等农事活动影响很大,不但对农作物造成烂种、烂秧、死苗,还会使物品霉烂发臭、变质,病菌滋生,禽畜多病。低温阴雨天气常常伴随较差的能见度,并造成道路湿滑,直接影响交通运输,易造成安全事故。

冷空气侵袭引起的海面强风对琼州海峡通航、港口作业、近海捕捞都有很大的影响。当琼州海峡海面强风≥8级时,为保证通航安全,琼州海峡需要全线停航,造成旅客滞留,对社会经济影响很大。

2.6.3 冷空气预报经验指标

2.6.3.1 冷空气预报关注点

(1)冷空气堆积的分析

强冷空气爆发之前,必须先有冷空气堆积。只有冷空气堆积到足够的强度,并在有利的环流形势引导下南下,冷空气到达湛江后才能达到强冷空气标准。

在日常天气预报中,一般是通过高空天气图上特定区域的冷中心或某些站点的温度、地面天气图上冷高压的强度等来判断强冷空气的堆积程度。要使湛江地区达到强冷空气以上强度的标准,在大多数情况下,500 hPa形势图上东亚地区冷中心在

−48 ℃以下，位于西伯利亚地区的鄂木斯克到贝加尔湖附近的伊尔库茨克地区温度降到−40 ℃以下；850 hPa 上 25°—40°N，110°E 以东的中国地区有 5 条以上等温线（间隔 4 ℃）通过；地面冷高压中心强度是强冷空气主要标志之一，新疆北部到蒙古一带冷高压中心超过 1050 hPa，冷高压中心强度最强可达 1082 hPa（1974 年 2 月 24 日）。这些情况表明在西伯利亚到蒙古高原已有强冷空气堆积。

（2）西南低压和华南变暖

要使冷空气南下以后降温幅度大，在冷空气南下之前华南必须有变暖过程。据 1980—2020 年资料分析，影响湛江的寒潮天气过程（廉江 7 次）中，从前 3 天到当天在中国西南地区有中心≤1010 hPa 的西南低压。西南低压发展华南地区回暖，阻挡了小股冷空气在强冷空气主力到达之前南下。这样一来，冷空气主力到达以后降温幅度会更大。

2.6.3.2 冷空气预报业务指标

在目前的预报业务中，数值预报产品已经完全胜任天气形势预报，毫无疑问，其预报能力比基于天气图分析总结的指标预报能力强，但从日常业务总结出的预报经验指标仍可以作为冷空气预报的参考。

（1）强冷空气过程的 500 hPa 环流形势可分为三类

①阻高横槽型。位于 60°E 的乌拉尔山脉或以东有东北至西南向的高压脊不断向东北伸展，向鄂霍次克海、白令海峡靠近。高压脊内有 560 hPa 以上的阻高中心，亚欧大陆经向环流不断加大，蒙古高原至西伯利亚一带出现东西向横槽，25°—40°N 为平直西风带，有小槽东移。与此同时，斯堪的纳维亚半岛北部有冷波小槽发展，冷平流入侵中国河西走廊，横槽变竖槽，阻高崩溃，形成东亚大槽并移到 120°E。槽内冷空气大举入侵中国，产生剧烈降温。如 1956 年 11 月 22—27 日，1975 年 11 月 18—23 日等。

②冷槽发展型。乌拉尔山脉维持阻高形势，格陵兰至新地岛之间由极地向南伸出一小槽，槽后冷舌清晰，不断向大陆扩展，发展成乌拉尔山以东的深厚冷槽。冷槽继续沿乌拉尔山高压脊前西北气流向南发展，进入西伯利亚发展成东亚大槽。槽底移到新疆进一步加深，向东南移，冷空气自河套以西影响中国大陆。如 1975 年 12 月 12—16 日，1987 年 12 月 1—6 日等。

③阻高冷槽交替型。即第一、第二类型的寒潮形势交替出现。前面的阻高横槽刚形成东亚大槽，后面的格陵兰至新地岛之间又有新的冷槽发展并东南移，进而形成东亚大槽；或前面的冷槽发展刚形成东亚大槽，后面的乌拉尔山又有阻高横槽形势发展，进而又形成东亚大槽。使极地冷空气能持续入侵欧亚大陆，低温维持。

（2）强冷空气影响的条件

湛江地处低纬度，初冬一般仍受偏南气流控制，温高气暖。如果没有环流异常变化，强劲的冷空气活动以及足够的冷空气积聚和足够时间的持续降温，就达不到强冷空气(寒潮)的强度。一般需具备以下条件。

①高纬度有寒潮爆发南侵形势。500 hPa 于格陵兰至新地岛之间有从极地南伸的小槽活动,60°E 附近的乌拉尔山维持阻塞高压脊形势。之后,小冷槽或阻塞高压脊不断发展,欧亚大陆产生经向度很大的环流形势,造成寒潮爆发南侵,引起中国大范围大幅度降温。

②高空偏北气流控制持续 2 d 以上。寒潮形势爆发后,20°N 以北,105°E 以东的 500 hPa、700 hPa、850 hPa 一致吹偏北风,并持续 2 d 以上。

③新疆至蒙古高原有持续 3 d 以上的庞大冷高压。位于(50°N,95°E)附近的北疆、蒙古高原一带,有持续 3 d 强度大于 1060 hPa 的冷高压中心。中心越强,持续时间越长,雷州半岛凝霜越明显。

④冷空气路径偏西路南下。新疆、蒙古高原冷中心从河套以西的银川至昌都一带南侵。1040 hPa 等压线长轴指向台湾岛以南,1020 hPa 等压线长轴指向北部湾,并向南越过 18°N,雷州半岛处强冷脊内。

⑤地面形势是西北至东南摆放的“靴”型场。地面天气图上渤海低压槽向西南伸至郑州,孟加拉湾倒槽伸至滇、川,1022.5 hPa 等压线位于长江以南,台湾岛以西,海南岛以北,滇南以东,形成一个开口于西北,呈西北至东南摆放的“靴”型场。“靴”内各地露点温度降到 0 ℃以下,低纬度地区气温持续下降。

⑥湛江站出现明显的持续性升压降温降湿过程。湛江站气压连升 2 d 以上、吹偏北风 3 d 以上;24 h 变压 $\Delta P_{24} \geqslant 4.0$ hPa,海平面气压 $P \geqslant 1023.7$ hPa,最高气温 $T_{\mathrm{Max}} \leqslant 18.3$ ℃。

(3)冷空气移动速度估算

冷空气强度、移动路径及高空环流形势不同,导致冷空气移动速度有快有慢,开始影响湛江的时间就会存在明显差异。

①冷锋从新疆或中蒙边境到达湛江沿海一般需 72 h;

②冷锋从黄河流域(35°N)到达湛江沿海需要 48 h 左右;

③冷锋从长江流域(30°N)到达湛江沿海需要 36 h;

④冷锋从贵阳、芷江一线到达湛江沿海需要 24 h;

⑤冷锋从南岭山脉(25°N)到达湛江沿海需要 12～18 h;

⑥冷锋从珠江流域(梧州)到达湛江沿海需要 6 h;

⑦冷锋从灵山、高州到达湛江沿海需要 3 h;

⑧西路冷空气影响,北部湾强风比阳江到吴川海面可提早 6～12 h;

⑨东路冷空气影响,从福州到汕头约 12 h;从汕头到珠江口需 9 h、到上川岛需 12 h、到湛江沿海需 16 h。

(4)海面强风预报业务指标

①西路冷空气影响

a) 兰州(52889)与成都(56294)气压差 $\Delta P \geqslant 10$ hPa,未来 36～48 h 后北部湾有

强风。

b）四川万源(57237)吹 N—NW 风≥11 m/s，未来 24～36 h 后北部湾有强风。

c）成都(56294)与北海(59644)气压差 $\Delta P \geqslant 10$ hPa，未来 24～36 h 后北部湾有强风 5～6 级；$\Delta P \geqslant 12$ hPa，有强风 6 级；$\Delta P \geqslant 15$ hPa，有强风 6～7 级、阵风 9 级。

d）四川盆地 $+\Delta P_{24} > 10$ hPa，未来 24 h 后北部湾有强风。

e）云南昭通(56586)连续 6～12 h 吹≥3 m/s 的北风，未来 12～18 h 后北部湾转北风；该站北风≥5 m/s 时，北部湾有强风≥6 级；该站风速减至 0～2 m/s 时，未来 12 h 后北部湾强风结束。

f）成都(56294)与龙津(59417)气压差 $\Delta P \geqslant 11$ hPa，未来 24～36 h 后北部湾有强风。

②中路冷空气影响

a）宜昌(57461)与桂林(57957)$\Delta P \geqslant 8$ hPa，未来 24 h 内湛江海面有强风。

b）两湖盆地 $+\Delta P_{24} > 12$ hPa，未来 18～24 h 后湛江海面有强风。

c）湖南衡山(57776)出现 11 m/s 偏北风时，未来 18～24 h 后湛江海面会有强风。

d）冷锋过桂林(57957)时，桂林风力≥10 m/s，到达湛江海面时会有强风。

e）桂林(57957)与北海(59644)气压差 $\Delta P \geqslant 8$ hPa，未来 12 h 内湛江海面有强风 6 级；$\Delta P \geqslant 11$ hPa，强风可达 6～7 级、阵风 9 级；$\Delta P \geqslant 13$ hPa，风力 7～8 级、阵风 10 级。

③东路冷空气影响

东路冷空气对北部湾一般无影响。有时可影响到粤西海面，风力一般 5～6 级，风向东北到东。

④偏东大风预报经验

a）地面及 850 hPa 冷高压中心从长江口(30°N)以北东移出海，对应 700 hPa 有高压脊东移到 115°—120°E 时，雷州半岛东部海面及湛江港将有 5～7 级偏东风(此时对应地面华西南地区常有低槽发展及成片负变压出现)。

b）春季冷高压中心从长江口(30°N)附近出海，湛江港及雷州半岛东部海面有 5～6 级偏东风。

c）冬季冷高压中心从 30°N 以南东移出海时，湛江港及雷州半岛东部海面无大风(或偏东大风位置偏南)。

d）冷高压中心位于 120°—125°E 的黄海海面时，偏东大风风力最大。随冷高压中心东移，风力逐渐减弱。

e）偏东大风有一定的日变化：白天风力大于夜间，风向白天 E—ESE，夜间 E—ENE。偏东大风多出现在 3 月，其次为 10 月。

⑤西路冷空气补充引起的强风

当北部湾原有强风减小到 6～8 m/s 时，此时桂林与北海气压差 $\Delta P \leqslant 6$ hPa，一旦遇有冷空气从青藏高原西路补充南下，很容易使海面风力重新加大到 6 级，而造成强风漏报。

a）700 hPa 青藏高原有小槽东移，槽后有冷平流，容易带来冷空气补充。

b）700 hPa 8 ℃等温线在 25°N 以北，而且青藏高原上有明显暖舌，1～2 d 内不会有冷空气补充；若 8 ℃等温线位于 20°N 附近，青藏高原上没有暖舌，中国西部又有冷槽东移，容易造成西路冷空气补充。

c）当四川到云贵高原出现正 $\Delta P_{24} > 5$ hPa 时，未来 12～18 h 内将有西路冷空气补充，并造成北部湾 6 级强风。

d）云南昭通(56586)站偏北风加大至≥5 m/s 时，未来 12～18 h 后北部湾有 6 级强风。有时因中南半岛到北部湾为低槽发展，广西沿海出现 2～3 hPa 负 ΔP_{24} 时，使大陆冷高压在广西地区的气压梯度加大；随后，贵州到桂北出现 3～5 hPa 正 ΔP_{24}，与此同时北部湾出现 6 级偏北强风。

(5)霜冻预报指标

①大范围霜冻前 1 天的天气形势特征

a）冷高压主体停留在蒙古高原，中心气压 1050 hPa 以上，冷高压主脊经兰州、贵州西路南伸，地面华北为干槽，江南为变性冷高压控制；小高压中心位于贵州，强度在 1038 hPa 以上。

b）中国大陆无锋面存在，江南到华南为晴、干天气，湛江各地 14 时相对湿度＜30％。

c）850 hPa、700 hPa 上空(广东、广西)盛行偏北风，并有冷平流。

②北部或局部霜冻前 1 天的天气形势特征

a）冷高压主体停留在蒙古高原到新疆一带，中心气压在 1045 hPa 以上，同时贵州有小高压中心存在，强度在 1033 hPa 以上；冷高压多为南北走向。

b）在中国南海多数有锋面存在，江南到华南为晴、干天气，湛江各地 14 时相对湿度＜50％。

c）850 hPa、700 hPa 上空(广东、广西)盛行偏北风，并有冷平流。

当符合上述形势特征条件时，参考下列预报指标(表 2.9)。

表 2.9　霜冻前 1 天 08 时地面气象要素指标

	湛江气压(hPa)	宜昌与桂林气压差(hPa)	桂林与北海气压差(hPa)	常德气温(℃)	桂林气温(℃)
全区霜冻	＞1028	＜＋2.9	＞＋6.6	－4～－11	－1～＋5
局部霜冻	＞1022	＜＋2.2	＞＋3.2	－3～＋5	＋1～＋4

2.7 湛江大雾

2.7.1 大雾概况

湛江三面临海，水汽充足，每年冬、春季(1—4 月)很容易出现大雾。据统计，湛江市区、雷州、徐闻的年均雾日数分别为 24.7 d、30.4 d、21.0 d。大雾对交通运输、港口作业、琼州海峡安全通航造成一定的影响，是湛江的主要灾害天气之一。

2.7.1.1 大雾定义

雾是由悬浮在近地面空气中微小水滴或冰晶组成的、使水平能见度降到 1 km 以下的天气现象，是近地面层空气中水汽凝结(或凝华)的产物。雾的分类法有许多种，根据雾的天气条件来分类，可以分为气团雾和锋面雾两大类；根据雾出现的地点可以分为内陆雾、海雾、沿海雾和山地雾。雾形成的主要原因：一是空气中的水汽大量增加，使得露点升高至气温，从而形成雾，如蒸汽雾和锋面雾；二是气温下降至低于露点而生成雾，如平流雾和辐射雾。

雾的预报等级根据水平能见度大小划分，可分为轻雾、大雾、浓雾、强浓雾、特强浓雾五个等级(表 2.10)。

表 2.10 雾的预报等级(GB/T 27964—2011)

等　　级	能见度阈值
轻雾	1000 m≤V<10000 m
大雾	500 m≤V<1000 m
浓雾	200 m≤V<500 m
强浓雾	50 m≤V<200 m
特强浓雾	V<50 m

大雾是影响经济和社会发展及人民健康的重要灾害天气之一。

2.7.1.2 大雾变化特征

(1)大雾月变化特征

湛江大雾主要集中出现在每年 1—4 月及 12 月，其中 3 月雾日数最多，7 月雾日数最少。连雾日数一般 3～5 d，最长 10～12 d。1 月以前出现的大雾以辐射雾为主，2—4 月出现的大雾以平流辐射雾为主。

据调查，沿海的雾区多分布于近海 90 km 海面和沿岸 20 km 地带，沿海雾多于海雾，也多于内陆雾。湛江大雾在雷州半岛东岸出现最多，尤以硇洲岛至雷州湾一带是出现春季大雾的最活跃区。

(2)大雾日变化特征

湛江大雾在一日的任何时次都可能出现，但主要出现在夜间和早晨两个时段，

07 时前后、20 时前后是大雾出现的峰值(图 2.35)。一般傍晚开始可能起雾,更多是入夜后起雾,早晨(06—08 时)常为大雾高峰期,09 时以后趋于消退。海雾的起雾时间要比陆上早,一般 16 时便可起雾,但消散时间比陆上迟,有时甚至整日不消散。

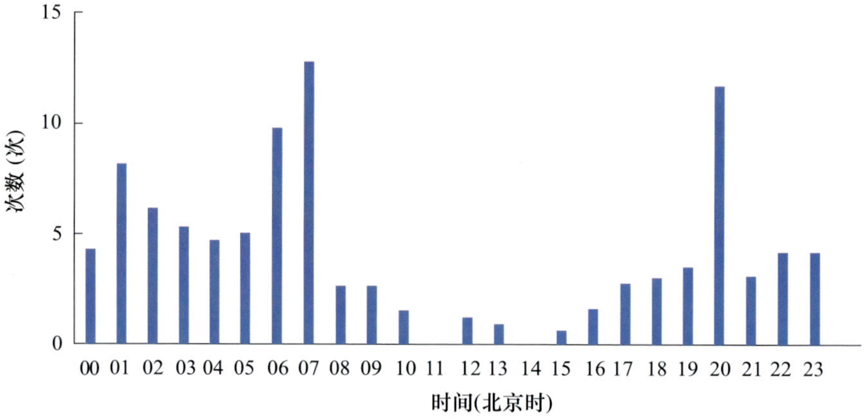

图 2.35　湛江站雾发生次数日变化(2000—2017 年)

2.7.2　大雾灾害

大雾主要危害表现在以下四个方面。

(1)大雾对交通的危害

大雾导致能见度差,使汽车、电车无法正常行驶,船舶无法安全航行,飞机无法正常起降等。如,2018 年 2 月 15 日至 2 月 25 日,连续 10 d 受大雾影响,琼州海峡南北两岸客船、滚装船运输港口轮渡被迫停航高达 17 次,累计停航时间超过 58 h,大量车辆、旅客长时间滞留海口市秀英、新海和南港等地,引起全国关注。

(2)大雾对供电系统的危害

由于大雾的空气湿度大,含有较多的污染物质,使供电系统可靠性大幅度降低,线路短路、微机失控、开关跳闸,造成一系列断电事故,影响人们的生产和生活,造成严重经济损失。

(3)大雾对农业生产的危害

若连日持续出现大雾,将使农作物缺乏光照,影响作物生长,诱发病虫害发生。

(4)大雾对人类健康的危害

大雾使各类烟尘中的有害物质滞留在近地面层而不能向高空扩散,造成更为严重的环境污染等,进而危害人类健康。据测定,雾滴中含有各种酸、碱、盐、胺、酚、尘埃、病原微生物等有害物质的比例比通常的大气水滴高出几十倍,人们如果在雾中锻炼或散步,随着活动量的增大,人的呼吸就会加深、加快,从而就会更多地吸入雾中的有害物质,这样极易诱发或加重气管炎、咽喉炎、结膜炎等诸多病症。

2.7.3 大雾预报经验指标

2.7.3.1 大雾预报关注点

(1)大雾发生条件

以湛江市区、雷州、徐闻等地国家观测站数据为依据,大雾出现的气象条件为:气温在 15～25 ℃,温度露点差 $T-T_d \leqslant 1.0$ ℃;3 h 变压(ΔP_3)在 −3.5～−2 hPa 或 1.5～2.5 hPa;风向为 NNE—ESE 及风速小于 5 m/s。

(2)大雾消散条件

大雾消散的气象条件:新的冷空气南下,地面风速加大,雾被驱散;大雾发展到一定程度后雾滴出现碰并沉降,表现为雾后期出现小雨过程;日出后近地层气温上升,雾滴蒸发消失。

2.7.3.2 大雾预报业务指标

(1)天气分型

大雾前 1 天 14 时地面形势图作为天气分析依据,可分为静止锋前型、变性高脊型、西南槽前型等。

①静止锋前型

南岭附近有一弯弓形静止锋或慢行冷锋,东段位于温州以北,西段位于昆明以北;锋前华南沿海为弱变性脊或均压区控制,云南到桂西为低槽;湛江海平面气压 ≤1018 hPa,东部沿海吹东南风,西部吹南到东南风,天气暖湿。

静止锋型大雾可连续出现 2～3 d,后期有冷空气南侵而减弱消散。

②变性高脊型

中国西南到华中地区受宽广的低压槽影响,华南沿海及中国南海北部为充分变性的高压脊控制,粤西沿海吹弱的东南到南风,天气晴暖;湛江海平面气压≤1016 hPa。

变性高脊型大雾具有典型的辐射雾性质,可连续出现数日。

③西南槽前型

大陆地面高压脊充分变性减弱东移出海,四川到云贵高原为宽广的低压槽向东南发展加深,槽前伸至广西沿海,湛江处于槽前,沿海吹偏南风,有时风速较大,天气暖湿;湛江海平面气压≤1012 hPa。

西南槽前型大雾大多出现在春末(4 月)。

(2)大雾预报指标

①预计次日 08 时湛江气温在下列范围:1 月 15～20 ℃,2 月 17～22 ℃,3 月 18～23 ℃,4 月 21～25 ℃。即气温距平在 0～6 ℃。

②预计次日最低气温将比当天 14 时露点温度低 2 ℃左右;相对湿度≥95%。

③大雾前 1 天 14 时 24 h 变压 ΔP_{24} 为 2～3 hPa。

④4 月,当前 1 天 14 时湛江地面处于西南槽前时,若湛江海平面气压为 1005～

1008 hPa，则有利于西部沿海出现大雾；若湛江海平面气压为 1009～1012 hPa，则有利于东部沿海出现大雾；当湛江海平面气压为 1006～1010 hPa 时，则有利于南部沿海出现大雾。

⑤出现平流雾的天气形势有两种：一是西南槽强烈发展东伸，槽前沿海东南风速加大，空气接近饱和，海雾乘风势登陆；二是锋面到达沿海后，大陆冷高压迅速东移，锋面北退或减弱消失，沿海很快转吹东到东南风，原位于锋前的海雾随即平流登陆。出现平流雾时，沿海风向为 ESE—SE，风速 4～6 m/s。

2.8 湛江高温

2.8.1 高温概况

湛江地处北热带，高温酷热天气年年有，持续的高温天气往往给工农业生产、交通安全和人们日常生活带来较大影响，是社会和公众广泛关注的高影响天气之一。

2.8.1.1 高温的定义

日最高气温≥35 ℃的天气称为高温天气，如果连续几天最高气温都超过 35 ℃，又可称为“高温热浪”天气。一般来说，高温通常有两种情况：一种是气温高而湿度小的干热性高温；另一种是气温高、湿度大的闷热性高温，又称“桑拿天”。

2.8.1.2 高温时、空分布特征

据历史资料统计，2 月就有高温记录(35.1 ℃)出现在徐闻(1979 年 2 月 21 日)；高温结束最迟记录(35.1 ℃)出现在廉江(2003 年 10 月 13 日)；高温集中出现在 5—8 月，最高月平均日数徐闻 8.2 d(6 月)、廉江 5.9 d(7 月)、雷州 5.3 d(6 月)、遂溪 4.4 d(7 月)、湛江市区 3.1 d(7 月)、吴川 2.0 d(8 月)。

湛江各地年均高温日数差异很大，南部多于北部，东部少于西部(表 2.11)。年均高温日数 4.4～27.6 d，其中：徐闻 27.6 d、雷州 17.2 d、湛江市区 9.2 d、遂溪 13.2 d、廉江 17.9 d、吴川 4.4 d。

湛江各地高温极值 38.0～38.9 ℃，其中：徐闻 38.7 ℃(1994 年 5 月 3 日)、雷州 38.7 ℃(2015 年 5 月 30 日)、湛江市区 38.4 ℃(2015 年 5 月 30 日)、遂溪 38.9 ℃(2015 年 7 月 3 日)、廉江 38.0 ℃(2005 年 7 月 19 日)、吴川 38.5 ℃(2005 年 7 月 19 日)。

表 2.11 湛江各地高温日数(1991—2020 年) 单位：d

月份	湛江	徐闻	雷州	遂溪	廉江	吴川
3 月	1	10	7	4	0	0
4 月	9	77	30	18	11	0
5 月	46	209	103	54	46	2

续表

月份	湛江	徐闻	雷州	遂溪	廉江	吴川
6 月	71	262	160	91	105	12
7 月	92	208	159	132	177	37
8 月	54	56	54	84	140	60
9 月	3	7	4	14	55	21
10 月	0	0	0	0	4	0
年平均	9.2	27.6	17.2	13.2	17.9	4.4

2.8.2 高温灾害

高温对人类的健康影响很大。人体正常体温为 36.5～37.3 ℃，气温在 35～39 ℃时，人体 2/3 余热通过出汗蒸发散失，达到体温平衡，此时如果周围环境潮湿，湿度过高，汗液则不易蒸发，体温将增高。高温环境中会导致人体生理失调，引发中暑、热昏厥、汗闭性热衰竭、缺盐性热衰竭及热浮肿等病症。高温酷暑严重时，会促使某些病情加剧，引起高温期内死亡率的显著增多。

动物和人类一样，也会受到暑热伤害。如，黄牛的体温为 37.8～39.8 ℃，水牛的体温为 37.0～38.5 ℃，当气温在适温上限以上时，牛的呼吸次数增多，汗腺作用加强，消化机能减弱，活动采食减少，从而影响生长、奶量甚至健康，所以高温酷热的防范适用于动物的饲养。

高温对工业生产也会造成不利影响。金属设备长期处于高温状态，其内部微组织发生变化，若环境湿度大，一些腐蚀物质就容易侵蚀设备金属的表面，甚至侵入金属内部，造成部件的破裂损坏。高温环境下，一旦超过极限安全温度，机电设备将被迫停机冷却，造成停工停产的严重经济损失。持续高温炎热天气，对水泥预制件、混凝土施工(易升温)的凝合和保养极为不利，会影响建筑施工质量，增强施工劳动强度，从而延长施工时间。石化管道长期处于高温高压的环境中容易老化失效，将直接影响炼化企业的经济安全运行。高温天气也加大了危化品、易燃品货物储运的危险性。高温天气容易使危险货物体积压力增大，造成容器故障，甚至炸裂；如果容器是敞口的，所盛液体危化品膨胀超过其容量就会外溢，发生“跑、冒、滴、漏”。温度越高，易燃液体蒸发越快，液面上蒸气浓度越高，与空气形成爆炸性混合气体的可能性就越大，火灾爆炸危险性就越高。高温对食品加工业也是非常不利的，当气温高于 30 ℃时，易挥发性食品既难于生产又难于保存，其保存期随着气温的升高而缩短。而且在高温月份食品容易发霉变质。此外，研究表明，在污染源性质和排放强度不变的情况下，太阳辐射强度愈大、气温愈高，光化学烟雾浓度就愈大。因此，高温还会加快光化学反应速率，加剧光化学污染。

2.8.3 高温预报经验指标

2.8.3.1 高温预报关注点

湛江高温天气主要出现在5—9月，影响高温的天气系统主要有副热带高压、西南低压、台风西侧下沉气流。

(1)华南处于稳定副热带高压控制，副热带高压势力强、范围大，呈带状或块状分布，西脊点在110°E以西，588 dagpm脊线在广西境内。

(2)贵州兴仁附近存在低压中心，西南低压强烈发展，长江流域及华南大陆均受低压槽控制。

(3)15°N以北、125°E以西有台风活动，粤西处于台风西侧下沉气流区域内。

2.8.3.2 高温预报业务指标

有利于湛江出现高温的天气形势可分为三种类型：副热带高压型、西南低槽型和台风西侧型。

(1)副热带高压型

①副热带高压脊线(588 dagpm)在24°—26°N，西脊点在110°E以西；粤东附近存在副热带高压592 dagpm等值线。

②500 hPa海口高度≥588 dagpm，吹偏东风，桂林高度≥588 dagpm，吹西至西南风，华南沿海无热带辐合线、东风波活动。

③华南地区都处于高空暖脊中，广西东南部上空$T_{500}\geq-4$ ℃、$T_{700}\geq13$ ℃、$T_{850}\geq20$ ℃；若$T_{500}\geq-2$ ℃、$T_{700}\geq15$ ℃、$T_{850}\geq22$ ℃，出现持续性高温天气的概率大幅度增加。

(2)西南低槽型

①998 hPa的低压中心位于贵州兴仁附近，长江流域及华南大陆均受低压槽控制，1005 hPa等压线经海口伸向福建。

②西沙与百色的气压差达10 hPa，湛江吹2～6 m/s的西南干热风。

③500 hPa副热带高压588 dagpm等值线控制着中国南海及中南半岛，天气晴热干燥。

④850 hPa在北部湾上空有24 ℃等温线的闭合暖中心(范围有5个经、纬距)，从北部湾经广西、广东到湖南、江西吹12～20 m/s的西南风。

(3)台风西侧型

①台风在15°N以北、125°E以西范围内活动。

②粤西处在台风西侧外围下沉气流内，地面(20°—30°N，105°—120°E)范围为1000 hPa等压线的低压槽控制，湛江吹干燥的西北到西风。

③500 hPa高空，西藏高原到云南、四川均为副热带高压588 dagpm等值线控制，从河套经华中到华南上空吹一致的偏北风，风速12～20 m/s，气流下沉增温强烈。

④850 hPa从重庆到海口，以及贵州兴仁到桂林之间有24 ℃等温线的闭合中

心，百色气温 26～28 ℃。

2.9 湛江干旱

2.9.1 干旱概况

湛江素有“十年九旱”之称，干旱缺水十分严重，一年四季都可能出现干旱，但夏旱出现的概率较小，以春旱和冬旱为主。

湛江干旱的主要原因是季风气候影响，造成降水时空分布不均，主要降雨集中在 4—9 月，占全年的 80%；若秋季台风影响偏少，水库蓄水不足，而且太阳辐射强，气温高，蒸发量大，湛江常出现秋旱、冬旱、春旱，干旱严重时，甚至出现秋冬春连旱。另外一个原因与湛江的特殊地形、地貌和独特的地理位置关系密切：三面倾斜的“龟背”地形不利蓄水；台地地势低矮，难以形成地形抬升降水；30%以上弦母岩地质，渗透力强；更为特别的是湛江隔琼州海峡相望的海南岛有高 1800 多米的五指群山阻挡，西南面有南北走向的越南高原隔断，春末夏初偏南气流爬过五指群山和越南高原后，在海南岛西北侧及北部湾下沉，产生“焚风”作用，增温和蒸发加剧，使湛江西海岸成为历史性的旱区。

2.9.1.1 干旱的定义

干旱是指长期无雨或少雨，使土壤水分不足、作物水分平衡遭到破坏而使农业、林业减产的气象灾害。干旱大致分两类：一类是降水长期处于不平衡的缺水状态，形成干旱气候；另一类是在年内各季节出现降水不平衡而导致的缺水现象，即季节性干旱，湛江属于这一类型。干旱灾害按照季节划分为：春旱（2—5 月），夏旱（6—7 月），秋旱（8—10 月），冬旱（11 月—次年 1 月）。干旱指标多种多样，广东省气象局统计指标为：春（2—5 月），一日或连续几日无累计降水量≥20 mm 的“透雨”≥25 d，为春旱；夏（6—8 月），一日或连续几日无累计降水量≥40 mm 的“透雨”≥30 d，为夏旱；秋（9—10 月），一日或连续几日无累计降水量≥40 mm 的“透雨”≥30 d，为秋旱；冬（11 月—次年 1 月），一日或连续几日无累计降水量≥20 mm 的“透雨”≥25 d，为冬旱。

2.9.1.2 干旱的时空分布特征

湛江春、夏、秋、冬都可产生干旱，干旱过程从秋、冬连到春季的称为秋冬春连旱。湛江干旱以春旱和冬旱为主，持续时间长、影响范围广；湛江南部干旱比北部严重。

（1）春旱规律

湛江春旱类型包括春旱、冬春连旱和秋冬春连旱 3 种。据资料统计（1980—2020 年），湛江春旱多发，年发生频率达 70%以上，是广东省春旱最为严重的地区；湛江各地春旱天数 110～140 d，南部重于北部，西部重于东部，徐闻春旱最为严重，发生频率高达79%，连旱天数大多为40～70 d，最长连旱天数达238 d(2004年9月24日至2005年5月15日)；廉江、遂溪、吴川、湛江市区、雷州春旱的发生频率在40%～50%，连旱天数多在30～50 d。

(2)夏旱规律

湛江的夏旱类型包括夏旱、春夏连旱2种。湛江夏旱出现的概率较低，仅为9%，影响的时间也较短，危害相对较轻，几乎没有旱灾。夏旱主要出现在雷州、徐闻。从发生的类型来看，以春夏连旱偏多。

(3)秋旱规律

湛江的秋旱类型包括秋旱、夏秋连旱2种。秋旱北部重于南部，其中廉江的秋旱最为严重。秋旱中以夏秋连旱居多。夏秋连旱日数多在20～40 d，超过40 d的年份较少。

(4)冬旱规律

湛江的冬旱类型包括冬旱、秋冬连旱2种。主要以冬旱居多，发生的频率在20%～40%。秋、冬连旱也有出现，但是频率较低，且北部出现的频率相对较多。

2.9.2 干旱灾害

干旱是对人类社会影响最严重的气象灾害之一。对于湛江来说，影响最大的是春旱和冬旱，夏旱和秋旱也有，但影响频率小，持续时间一般较短，范围也较小。

不同季节的干旱对于农作物的影响不尽相同。对于春旱来说，春旱往往造成早稻缺水耕田，不能适时播种、插秧，使春种作物缺苗断垄，影响春收作物后期的正常生长，延迟菠萝、红橙、荔枝等果树的发芽时间和降低发育势等；春旱会影响春植甘蔗下种及蔗芽萌发，出苗以后幼苗得不到必要的水分，蔗株亦会死亡，从而造成缺苗；处于分叶和伸长期的秋冬植甘蔗就会影响甘蔗的分叶数和减缓伸长速度。但对于土壤水分比较充足的低洼地，春旱温高光足，反而起到促进甘蔗分叶和幼苗生长的作用，对甘蔗高产有利。对于夏旱来说，其出现的时间较为特殊，常常会导致“卡脖旱”。“卡脖旱”的产生对农作物的产量有很严重的影响。而对水稻等夏季播种的农作物来说，夏旱的出现常常不利于农作物的播种和出苗，严重推迟了农作物的生长期。秋旱的发生会对夏天播种农作物的丰收造成严重的影响，影响晚稻和其他秋收作物的生长发育和产量形成。当夏旱和秋旱同时发生时，这种情况会体现得更加明显，农作物收成下降甚至会颗粒无收。冬旱影响冬种作物播种、出苗及其生长发育。

持续干旱无雨给湛江的水产养殖业带来不同程度的影响。养殖场水分蒸发快，水源缺乏，水产养殖补水越来越困难，增加了补水成本。若补水的外源水质变差，鱼虾蟹的生长将受到一定的影响，如果管理措施跟不上，很容易导致病害发生，特别是防病治病用药不当，容易造成养殖水产品缺氧，导致浮头、泛塘事故的发生。另外，池塘水位过低会影响蟹池水草的生长以及会导致虾蟹出现蜕壳不遂、南美白对虾应激反应现象等。

由于干旱缺水造成地表水源补给不足，只能依靠大量超采地下水来维持居民生活和工农业发展，从而引发一系列的生态环境问题。春季、秋冬季降水偏少不利于水库蓄水使湛江地区的缺水更加严重。生活用水紧缺会严重影响人们的生活，造成许多工厂停产等。冬春季的干旱易引发森林火灾，给消防工作带来严重的压力。

湛江典型干旱个例如下：

徐闻县从 2004 年 9 月 24 日开始连续 248 d 没下过“透雨”(日降水量>20 mm)，打破了 1902 年以来的历史纪录，为百年一遇的特大干旱。

2010 年 1—3 月雷州、廉江、徐闻各地出现了不同程度的干旱。据三防部门统计，雷州禾苗、蔬菜、甘蔗等农作物受灾 1200 hm^2，成灾 200 hm^2；廉江 4990 hm^2 作物受旱，其中轻旱 4760 hm^2，重旱 230 hm^2，干枯 20 hm^2，水田缺水 410 hm^2，旱地缺墒 710 hm^2，因旱造成饮水困难人口 0.75 万，大牲畜 0.62 万头，蓄水总量 1.047 亿 m^3，比多年同期少 9.5%，水库干枯 20 座，机电井出水不足 15 眼；徐闻农作物受灾达 2134.4 hm^2。

2015 年湛江出现罕见春夏连旱，造成严重影响。2 月至 7 月上旬，湛江降水偏少 8 成，为其历史同期最少降水纪录。持续的温高雨少天气导致湛江出现历史罕见的春夏连旱，干旱持续时间和强度为近 60 年来所罕见。据不完全统计，湛江春夏连旱共影响人口 47.8 万，农作物受灾 14.767 万 hm^2，直接经济损失 6.24 亿元。

2.9.3 干旱预报经验指标

干旱是多方面原因综合影响的结果，包括自然因素和人为因素。大气环流异常、副热带高压长期控制一个地区是造成干旱的气象原因。

(1)西太平洋副热带高压脊线偏北造成的华南较强的偏南风和东亚大槽偏弱直接导致湛江春季降水偏少。

(2)夏季阿拉伯海、孟加拉湾及中国南海的海温偏高，海陆热力差异偏弱引起东亚、南亚西南季风减弱，导致湛江干旱，热带气旋路径偏东也是导致湛江夏旱的诱因。

(3)秋季亚洲大陆气压场异常偏高，导致向华南水汽输送减少，造成湛江干旱。

(4)湛江冬旱发生与东亚冬季风异常偏弱、厄尔尼诺事件有密切联系，一般来说，厄尔尼诺成熟的当年冬季雷州半岛易发生干旱。

参考文献

陈力，唐方雄，丁克勤，2019. 石化企业高温管道疲劳损伤在线监测和分析系统研发[J]. 中国特种设备安全，35(2)：7-11.

陈联寿，端义宏，宋丽莉，等，2012. 台风预报及其灾害[M]. 北京：气象出版社.

董安祥，张强，2004. 中国冰雹研究的新进展和主要科学问题[J]. 干旱气象(3)，70-72.

符靖茹，沈碧辉，于洲，等，2020. 雷州半岛热带气旋降水的时空分布及变化特征[J]. 热带农业科学，40(6)：71-76.

广东省气象局《广东省天气预报技术手册》编写组，2006. 广东省天气预报技术手册[M]. 北京：气象出版社.

广东省气象局《广东省气候业务技术手册》编写组，2008. 广东天气气候技术手册[M]. 北京：气象出版社.

广东省市场监督管理局，2021. 港口类作业气象服务指南：DB44/T 2311—2021[S]. 广州：广东省市场监督管理局.

郭浩鑫，雷宇凯，杨春凤，2022. 湛江大雾天气的气候特征分析[J]. 广东气象，44(增刊Ⅰ卷)(237)：14-17.

国家气象中心，中华人民共和国国家质量监督检验检疫总局，中国国家标准化管理委员会，2011. 雾的预报等级：GB/T 27964-2011[S]. 北京：中国标准出版社.

洪健，2018. 湛江市中心城区内涝监测及特性分析[J]. 甘肃水利水电技术，54(3)：20-22. DOI：10.19645/j.issn2095-0144.2018.03.007.

黄大文，1995. 广东寒潮的分析和预报[J]. 广东气象，17(4)：2-6.

黄晓梅，简茂球，刘桂兴，2013. 雷州半岛干旱的特征及其环流分析[J]. 广东气象，35(3)：20-24.

李剑兵，2001. 湛江初冬凝霜特征分析[J]. 广东气象，24(4)：9-11.

李卫涛，2020. 石化安全技术及安全控制方案[J]. 化工管理(6)：90-91.

梁必骐，1995. 天气学教程[M]. 北京：气象出版社.

梁必骐，叶锦昭，1993. 广东的自然灾害[M]. 广州：广东人民出版社.

梁必骐，易耀辉，1994. 广东局地强风暴的活动特征及其灾害分析[J]. 广东气象，16(1)：11-13.

林爱兰，吴尚森，1998. 近40多年广东省的寒潮活动[J]. 热带气象学报，14(11)：333-343.

林良勋，程正泉，张兵，等，2004. 完全预报(PP)方法在广东冬半年海面强风业务预报中的应用[J]. 应用气象学报，15(4)：485-493.

林良勋，薛登智，梁健，等，2001. 近二十年广东的霜冻气候及其变化特征[J]. 广东气象(4)：7-9.

牛生杰，陆春松，吕晶晶，等，2016. 近年来中国雾研究进展[J]. 气象科技进展，6(2)：6-19.

《气象学》编写组，1995. 气象学[M]. 北京：中国林业出版社，135-136.

王华，唐力生，陈慧华，等，2018. 气候变化背景下广东冬种生产季气象灾害时空分布特征[J]. 热带气象学报，34(4)：570-576.

王志英，潘安定，2008. 广州市夏季高温特点及其危害[J]. 气象研究与应用，29(4)：26-29.

吴伟杰，何伟贤，2007. 台风暴雨后水产养殖如何防病[J]. 科学养鱼(8)：53-54.

徐峰，牛生杰，张羽，等，2011. 雷州半岛雾的气候特征及生消机理[J]. 大气科学学报(4)：423-432.

杨新林，孙建华，鲁蓉，等，2017. 华南雷暴大风天气的环境条件分布特征[J]. 气象，43(7)：769-780.

俞小鼎，赵娟，范雯杰，2021. 中国龙卷的时空分布与关键环境参数特征[J]. 热带气象学报，37(5/6)：681-692.

俞小鼎，郑永光，2020. 中国当代强对流天气研究与业务进展[J]. 气象学报，78(3)：391-418.

张羽，2021. 广东省气候资源及其合理开发利用[M]. 北京：气象出版社.

郑永光，刘菲凡，张恒进，2021. 中国龙卷研究进展[J]. 气象，47(11)：1319-1335.
中国气象局办公室，中国气象局气象宣传与科普中心，中国工程院环境与轻纺工程学部，2015. 气象防灾减灾科普手册[M]. 北京：气象出版社.
周福，黄思源，许利明，2017. 宁波国际港口气象服务模式初探[J]. 气象科技进展，7(1)：134-137.
朱乾根，林锦瑞，寿绍文，等，2007. 天气学原理和方法[M]. 北京：气象出版社.

第3章

湛江石化行业气象服务

3.1 湛江石化行业布局

湛江石油化学工业主要有石油加工炼焦、石油和天然气开采、化学原料及化学制造等，重点企业包括中科炼化（含湛江东兴）、巴斯夫、京信电力、实华化工、新华粤化工、湛江化工集团、大鹏石化、众和化工、利柏特模块制造、广东优康精细化工等。2020 年湛江石化产业实现规模以上工业总产值 613.7 亿元，约占全市规模以上工业总产值的 29.5%。湛江石油化工企业主要分布在东海岛石化产业园区和湛江港临港工业园区（图 3.1、图 3.2）。

中科（广东）炼化有限公司隶属中国石油化工集团公司，是中国石化在新时代建设的标志性炼化项目，是国家“一带一路”建设及能源化工发展战略的重要支点，是广东构建“一核一带一区”区域发展新格局、支持湛江全力建设省域副中心城市、加快打造现代化沿海经济带的重点建设工程。中科炼化一期项目主要包括 1000 万t/a 常减压等 18 套炼油装置、80 万 t/a 蒸汽裂解等 10 套化工装置、18 万标 m^3/h 煤制氢装置及配套工程、4 台 450 t/h 高压 CFB 锅炉和 3 套 100 MW 汽轮发电机、国内最大的化工立体仓库、10 个码头泊位、1 条铁路专用线以及配套的成品油和天然气输送管道，2019 年底全面建成，2020 年 6 月正式投入生产运营，可生产国Ⅵ汽油、柴油、航空煤油等油品及聚乙烯、聚丙烯、环氧乙烷、乙二醇、EVA 等化工产品。

中国石化湛江东兴石油化工有限公司代管中石化集团石油商业储备有限公司湛江分公司、中石化石油销售有限责任公司湛江分公司的商储油库和中转油库。至 2020 年底，中国石化湛江东兴石油化工有限公司原油一次加工能力 500 万t/a，拥有 500 万t/a 常减压蒸馏、150 万 t/a 重油催化裂化、50 万 t/a 连续重整、200 万 t/a 柴油加氢、14 万 t/a 聚丙烯、6 万 t/a 乙苯-苯乙烯等 24 套生产装置，主要生产汽油、柴油、聚丙烯、石脑油、液化气、苯乙烯、硫黄等 9 大类 50 余种产品。

巴斯夫一体化基地（广东）有限公司位于广东省湛江经济技术开发区东海岛石化产业园，总占地面积约 352.62 hm^2。巴斯夫（广东）一体化项目建设内容主要包括：乙烯裂解等 16 套生产装置，配套公辅设施（给水处理、海水循环冷却水系统、废水处理装置、工业废物焚烧设施（TERU）、动力站等）、辅助设施（主变站、空压站、综合管理区）、储运系统及码头工程。年生产规模乙烯（CR）100 万 t、环氧乙烷/乙二醇（EO/EG）66/90 万 t、丙烯酸（GAA）2×21.5 万 t、丁辛醇（OXO-C4）50 万 t、高聚乙烯（PE）50 万 t、环氧乙烷精制（PEO）28 万 t 等。

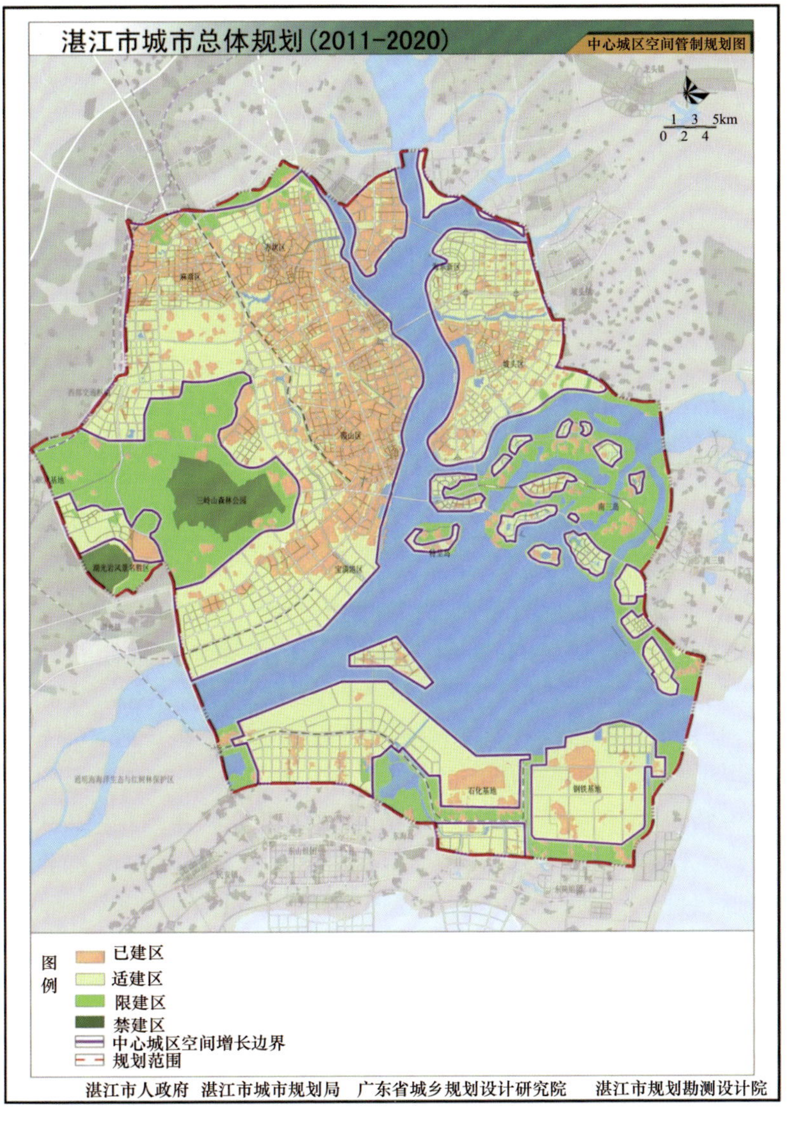

图 3.1 湛江城市规划（2010—2020 年）

图 3.2　中科炼化位置示意图

3.2　石化行业与气象

石油化工产品大多是易燃易爆产品，其生产过程与气象条件密切相关。夏季台风、暴雨、雷暴、高温、强对流天气，冬季强冷空气、低温阴雨都威胁石油化工安全生产（表 3.1）。一般来说，石油化工生产的最适宜温度为 25 ℃左右，当气温≥35 ℃时对脱硫、碳化、合成、压缩等生产工序就有严重影响；当温度≥38 ℃，无风、湿度大，2 h内人就会热虚脱；乙烯、丙烯等化工产品常温下不起反应，但温度过高就有可能发生副反应，从乙烯、丙烯变成更加易燃易爆的乙炔、氢等产品；石化原材料往往具备易燃易爆、毒性强等特征，在高压、高温等环境下，很容易造成突发事故。冬季突然降温，24 h 降温超过 10 ℃时易发生物料凝固，影响生产；低温时段，若伴热设备不完善，易使物料管冷凝，影响物料正常输送。夏季强降雨（暴雨）发生时，可引起内涝，影响安全生产；伴随强降雨的雷暴易击毁高大建筑物和易燃易爆的各种大型容器，造成事故灾难。当风力＞6 级时不利于高空作业，有时可能造成破坏性的损害；台风、雷雨大风、龙卷袭击时有可能刮坏烟囱等高大建筑物，造成剧烈破坏性损害。

2007 年 7 月 21 日，位于遂溪县的广东中能酒精有限公司酒精厂一贮罐被雷击发生爆炸，造成直接经济损失约 175 万元。2015 年 10 月 4 日，1522 号台风“彩虹”袭击湛江，湛江市富多液化石油气服务有限公司发生 3 个罐共 800 多吨液化石油气同时大面积泄漏。

表 3.1 气象灾害对石化行业影响

灾害天气	主要影响
雷电	雷电产生高压电流，对电气设备，通信网络，易燃易爆危化品生产设施（主要有原油、汽油、柴油、液态烃、石脑油等，主要的中间及副产危险化学品有硫化氢、丙烯等，分散在生产厂区生产装置区域内，原料及产品储存在厂区储罐内）等造成不利影响，甚至可能造成火灾、爆炸等事故。
大风（含台风大风、冷空气强风、雷雨大风）	大风对运输船只，码头装卸船只，各码头（原油码头、液体化工码头、成品油码头、煤炭码头等）附属装卸设施，露天及高空作业，在建工程、工程施工设施、临时建筑，电力供应，通信线路，火炬设施、高架传输栏桥、架空输气管道等高耸建筑物，绿化树木等产生影响，风力越大，影响越严重，轻则可造成生产、施工不能正常开展，重则可造成人员伤亡和重大经济损失。台风带来的狂风骤雨引起的巨浪或风暴潮还可能冲垮护岸堤坝，冲毁码头设施，倾覆船只。
强降雨（含暴雨、短时强降雨）	强降雨造成内涝积水，造成化工装置的大围堰、炼油装置的小围堰的雨水管道排水超负荷，对泵站、排水渠、事故水储存池，雨水监控池，污水处理场，原料堆场，室外电气设备，地下空间设备等造不利影响，降雨持续时间越长，降雨量越大，影响就越大；强降雨期间，恰逢天文大潮期，排水口水位高，造成产区排水困难，加剧内涝，更容易造成道路受浸，铁路、公路物流装卸车受阻。
高温	高温对码头装卸，户外作业，物流运输，电力供应等造成不利影响。
大雾（含长时间阴雨高湿度）	大雾造成能见度差，长时间阴雨天气湿度大，对码头高空作业、船只停靠、物流运输等造成不利影响。

3.3 石化行业气象灾害阈值指标

湛江石油化工企业主要分布在东海岛石化产业园区和湛江港临港工业园区，东海岛及东海岛周边区域的海陆交界，高温高湿，气象灾害类型多样，发生频率高、强度大，覆盖范围广，遭遇台风、暴雨、雷暴、雷雨大风等灾害天气袭击概率大，有造成员工伤亡和财产损失的风险，还可能造成企业生产波动、装置停产，设备、设施断电、泡水、移位或坍塌损坏等影响，进而引发次生、衍生的危险化学品泄漏和中毒、火灾、爆炸、环境污染等事件。因此，根据石化行业对气象灾害的敏感性和响应指标，设定气象灾害的阈值指标以及防御措施，是保障湛江石化行业安全生产、达到减灾增产的重要举措（表 3.2）。

表 3.2　石化行业气象灾害指标阈值

灾害天气	风险阈值指标	风险等级	服务指南	防御措施
台风	24 h 内台风影响，平均风≥6 级或阵风≥7 级。	Ⅳ（蓝色）	(1)发布台风服务专报：包括台风对石化企业影响的开始时间和持续时间、大风风力、降雨量等精细预报信息； (2)密切关注台风动态，及时发出订正专报； (3)提醒石化企业按照应急预案开展工作。	(1)石化企业启动台风Ⅳ级应急预案； (2)日常值班，石化企业各单位行使所辖范围的灾害预警响应程序和防灾业务协调管理职能。
	24 h 内台风影响或已经受台风影响，平均风≥8 级或阵风≥9 级。	Ⅲ（黄色）	(1)发布台风服务专报：包括台风对石化企业影响的开始时间和持续时间、大风风力、降雨量等精细预报信息； (2)密切关注台风动态，及时发出订正专报：台风登陆前 5 h、3 h、1 h，台风登陆后 1 h、登陆后 3 h、登陆后 5 h 各发布一次专报，提供对石化企业影响的风雨潮实况信息和风雨潮预报信息； (3)提醒石化企业按照应急预案开展工作。	(1)石化企业启动台风Ⅲ级应急预案； (2)根据灾害预警时效和危害程度，石化企业各单位防灾工作小组成员在岗值班或待令值班，根据预案启动应急应对措施。
	12 h 内台风影响或已经受台风影响，平均风≥10 级或阵风≥11 级。	Ⅱ（橙色）	(1)发布台风服务专报：包括台风对石化企业影响的开始时间和持续时间、大风风力、降雨量等精细预报信息； (2)密切关注台风动态，及时发出订正专报：台风登陆前 5 h、3 h、1 h，台风登陆后 1 h、登陆后 3 h、登陆后 5 h 各发布一次专报，提供对石化企业影响的风雨潮实况信息和风雨潮预报信息； (3)提醒石化企业按照应急预案开展工作。	(1)石化企业启动台风Ⅱ级应急预案； (2)石化企业防灾指挥部办公室、各单位防灾领导小组成员在岗值班。重大突发性灾害险情发生时，组织采取应急措施并向指挥部领导报告。

续表

灾害天气	风险阈值指标	风险等级	服务指南	防御措施
台风	12 h 内台风影响或已经受台风影响，平均风≥12 级。	Ⅰ （红色）	(1)发布台风服务专报：包括台风对石化企业影响的开始时间和持续时间、大风风力、降雨量等精细预报信息； (2)密切关注台风动态，及时发出订正专报：台风登陆前 5 h、3 h、1 h，台风登陆后 1 h、登陆后 3 h、登陆后 5 h 各发布一次专报，提供对石化企业影响的风雨潮实况信息和风雨潮预报信息； (3)提醒石化企业按照应急预案开展工作。	(1)石化企业启动台风Ⅰ级应急预案； (2)石化企业防灾指挥部成员在岗值班，统一指挥防御台风工作。
大风（含雷雨大风、冷空气强风）	30 min 内受雷雨大风影响，平均风≥6 级或阵风≥7 级。	Ⅲ （黄色）	(1)“重点行业气象服务系统”发出预警信息； (2)密切关注雷达回波演变情况，及时修正预警； (3)提醒石化企业启动相应应急预案。	(1)石化企业启动防大风Ⅲ级应急预案，迅速做好防大风防雷电工作； (2)停止高空作业； (3)停止户外集体活。
	30 min 内受雷雨大风影响，平均风≥8 级或阵风≥9 级。	Ⅱ （橙色）	(1)“重点行业气象服务系统”发出预警信息； (2)密切关注雷达回波演变情况，及时修正预警； (3)提醒石化企业启动相应应急预案。	(1)石化企业启动防大风Ⅱ级应急预案，迅速做好防大风防雷电工作； (2)停止高空作业；停止卸船机、吊装船机； (3)停止户外作业和户外活动。
	30 min 内受雷雨大风影响，平均风≥10 级或阵风≥11 级。	Ⅰ （红色）	(1)“重点行业气象服务系统”发出预警信息； (2)密切关注雷达回波演变情况，及时修正预警； (3)提醒石化企业启动相应应急预案。	(1)石化企业启动防大风Ⅰ应急预案，迅速做好防大风防雷电工作； (2)停止高空作业；停止卸船机、吊装船机； (3)停止户外作业和户外活动。

续表

灾害天气	风险阈值指标	风险等级	服务指南	防御措施
暴雨	30 min 内出现降雨，雨量≤20 mm。	Ⅳ（蓝色）	(1)“重点行业气象服务系统”发出预警信息；以及未来 1 h 内逐 20 分钟降雨预报、未来 3 h 累计雨量预报； (2)密切关注雷达回波演变情况以及降雨实况，及时修正预警； (3)提醒石化企业启动相应应急预案。	(1)石化企业启动防暴雨Ⅳ级应急预案； (2)码头装卸，成品运输要关注降雨的影响。
	30 min 内出现降雨，雨量＞20 mm。	Ⅲ（黄色）	(1)“重点行业气象服务系统”发出预警信息；以及未来 1 h 内逐 20 min 降雨预报、未来 3 h 累计雨量预报； (2)密切关注雷达回波演变情况以及降雨实况，及时修正预警； (3)提醒石化企业启动相应应急预案。	(1)石化企业启动防暴雨Ⅲ级应急预案； (2)关注低洼地方积水，原料堆场，室外电气设备，码头装卸，成品运输要注意防御。
	过去 1 h 内降雨量已达 40 mm，预计降雨将持续；或过去 3 h 降雨量 80 mm，降雨持续。	Ⅱ（橙色）	(1)“重点行业气象服务系统”发出预警信息；以及未来 1 h 内逐 20 min 降雨预报、未来 3 h 累计雨量预报； (2)密切关注雷达回波演变情况以及降雨实况，及时修正预警； (3)提醒石化企业启动相应应急预案	(1)石化企业启动防暴雨Ⅱ级应急预案； (2)关注内涝积水，原料堆场，室外电气设备，码头装卸，成品运输要注意防御； (3)加强巡查，及时排水。
	过去 1 h 内降雨量已达 60 mm，预计降雨将持续；或过去 3 h 降雨量 100 mm，降雨持续。	Ⅰ（红色）	(1)“重点行业气象服务系统”发出预警信息；以及未来 1 h 内逐 20 min 降雨预报、未来 3 h 累计雨量预报； (2)密切关注雷达回波演变情况以及降雨实况，及时修正预警； (3)提醒石化企业启动相应应急预案	(1)石化企业启动防暴雨Ⅰ级应急预案； (2)关注内涝积水，原料堆场，室外电气设备，码头装卸，成品运输要注意防御； (3)加强巡查，及时排水。
高温	气温≥35℃	Ⅲ（黄色）	(1)“重点行业气象服务系统”发出预警信息； (2)提醒石化企业启动相应应急预案。	(1)石化企业启动防高温Ⅲ级应急预案； (2)调整高温敏感生产区作业时间；每天高温时段减少户外露天作业。

续表

灾害天气	风险阈值指标	风险等级	服务指南	防御措施
高温	气温≥37 ℃	Ⅱ （橙色）	(1)“重点行业气象服务系统”发出预警信息； (2)提醒石化企业启动相应应急预案。	(1)石化企业启动防高温Ⅱ级应急预案； (2)调整高温敏感生产区作业时间；每天高温时段停止户外露天作业。
高温	气温≥39 ℃	Ⅰ （红色）	(1)“重点行业气象服务系统”发出预警信息； (2)提醒石化企业启动相应应急预案。	(1)石化企业启动防高温Ⅰ级应急预案； (2)调整高温敏感生产区作业时间；每天高温时段停止户外露天作业；注意高温天气对电力供应的影响。
大雾	能见度≤600 m	Ⅲ （黄色）	(1)“重点行业气象服务系统”发出预警信息； (2)提醒石化企业启动相应应急预案。	(1)石化企业启动防大雾Ⅲ级应急预案； (2)停止高空作业；船只停止运输。
大雾	能见度≤300 m	Ⅱ （橙色）	(1)“重点行业气象服务系统”发出预警信息； (2)提醒石化企业启动相应应急预案。	(1)石化企业启动防大雾Ⅱ级应急预案； (2)停止高空作业；停止码头装卸作业；停止运输，船只停靠码头。
大雾	能见度≤100 m	Ⅰ （红色）	(1)“重点行业气象服务系统”发出预警信息； (2)提醒石化企业启动相应应急预案。	(1)石化企业启动防大雾Ⅰ级应急预案； (2)停止高空作业；停止码头装卸作业；停止船只运输。
雷电	雷击点位置距离(L)，10≤L≤15 km。	Ⅲ （黄色）	(1)“重点行业气象服务系统”发出预警信息； (2)提醒石化企业启动相应应急预案。	(1)石化企业启动防雷电Ⅲ级应急预案； (2)停止高空作业；做好电气设备、通信网络、易燃易爆生产区的应急保障。
雷电	雷击点位置距离(L)，5≤L<10 km。	Ⅱ （橙色）	(1)“重点行业气象服务系统”发出预警信息； (2)提醒石化企业启动相应应急预案。	(1)石化企业启动防雷电Ⅱ级应急预案； (2)停止高空作业；做好电气设备、通信网络、易燃易爆生产区的应急保障。

续表

灾害天气	风险阈值指标	风险等级	服务指南	防御措施
雷电	雷击点位置距离(L),$L<5$ km。	Ⅰ (红色)	(1)"重点行业气象服务系统"发出预警信息； (2)提醒石化企业启动相应应急预案。	(1)石化企业启动防雷电Ⅰ级应急预案； (2)停止高空作业;做好电气设备、通信网络、易燃易爆生产区的应急保障。

3.4 石化行业周年气象服务方案

湛江石化行业在不同的季节对气象服务的需求是不一样的,结合石化行业的生产经营特点,制定周年气象服务方案,是主动、及时为湛江石化企业开展精细化专业气象服务的依据(表3.3)。

表3.3 石化行业周年气象服务方案

时间	重点关注	服务产品	服务方式
1月	冷空气强风,急剧降温,干燥火险。	强冷空气气象服务专报/中长期预报(旬报、月报)/冷空气强风、火险预警。	微信/传真/邮件/重点行业服务系统。
2月	冷空气强风,急剧降温,干燥火险,潮湿大雾。	强冷空气、低温阴雨等气象服务专报/中长期预报(旬报、月报)/冷空气强风、大雾预警。	微信/传真/邮件/重点行业服务系统。
3月	冷空气强风,回南天,潮湿大雾,雷雨大风、短时强降雨等强对流天气。	回南天、汛期趋势展望等气象服务专报/中长期预报(旬报、月报、季报)/冷空气强风、大雾、强降雨预警。	微信/传真/邮件/重点行业服务系统。
4月	回南天,潮湿大雾,雷雨大风、雷暴、短时强降雨等强对流天气。	强对流天气、回南天等气象服务专报/中长期预报(旬报、月报)/雷雨大风、雷电、大雾、强降雨预警。	微信/传真/邮件/重点行业服务系统。
5月	暴雨,季风辐合带,龙舟水,高温,雷雨大风、雷暴、短时强降雨等强对流天气。	季风辐合带,龙舟水、气象服务专报/中长期预报(旬报、月报)/雷雨大风、雷电、高温;强降雨预警。	微信/传真/邮件/重点行业服务系统。
6月	台风,季风辐合带,龙舟水,高温,雷雨大风、雷暴、短时强降雨等强对流天气。	台风、后汛期趋势展望等气象服务专报/中长期预报(旬报、月报、季报)/雷雨大风、雷电、强降雨、高温预警。	微信/传真/邮件/重点行业服务系统/≥12级台风影响,技术人员现场服务驻点服务/电话。

续表

时间	重点关注	服务产品	服务方式
7 月	台风,季风辐合带,高温,暴雨,雷雨大风、雷暴、短时强降雨等强对流天气。	台风、连续高温等气象服务专报/中长期预报(旬报、月报)/雷雨大风、雷电、强降雨、高温预警。	微信/传真/邮件/重点行业服务系统/≥12 级台风影响,技术人员现场服务驻点服务/电话。
8 月	台风,季风辐合带,暴雨,高温,雷雨大风、雷暴、短时强降雨等强对流天气。	台风、连续高温等气象服务专报/中长期预报(旬报、月报)/雷雨大风、雷电、强降雨、高温预警。	微信/传真/邮件/重点行业服务系统/≥12 级台风影响,技术人员现场服务驻点服务/电话。
9 月	台风,季风辐合带,暴雨,高温,雷雨大风、雷暴、短时强降雨等强对流天气。	台风、连续高温等气象服务专报/中长期预报(旬报、月报、季报)/雷雨大风、雷电、强降雨、高温预警。	微信/传真/邮件/重点行业服务系统/≥12 级台风影响,技术人员现场服务驻点服务/电话。
10 月	台风,季风辐合带,暴雨,雷雨大风、雷暴、短时强降雨等强对流天气。	台风等气象服务专报/中长期预报(旬报、月报)/雷雨大风、雷电、强降雨预警。	微信/传真/邮件/重点行业服务系统/≥12 级台风影响,技术人员现场服务驻点服务/电话。
11 月	季风辐合带,短时强降雨,干燥火险。	气象服务专报/中长期预报(旬报、月报)/雷雨大风、强降雨、火险预警。	微信/传真/邮件/重点行业服务系统。
12 月	冷空气强风,急剧降温,干燥火险。	强冷空气气象服务专报/中长期预报(旬报、月报)/冷空气强风、强降雨、火险预警。	微信/传真/邮件/重点行业服务系统。

参考文献

陈联寿,端义宏,宋丽莉,等,2012. 台风预报及其灾害[M]. 北京:气象出版社.

陈玉光,安娟,张梅,2014. 石油化工与气象[J]. 科技风(21):34.

广东省地方标准,2021. 港口类作业气象服务指南(DB44/T 2311—2021)[S].

李剑冰,2003. 湛江气象实用手册[Z]. 湛江:湛江市气象局、湛江气象学会.

山东省地方标准,2019. 港口作业气象服务(DB37/T 3548—2019)[S].

深圳市市场监督局,2021. 港口气象灾害防御服务规范(DB4003/T 203—2021)[S].

王斌飞,吴琼,赵楠,等.2018. 浅谈石化行业气象灾害服务系统建设[J]. 三农视野,17:126-128.

湛江市年鉴编纂委员会,2021. 湛江年鉴(2021)[M]. 郑州:中州古籍出版社.

湛江市人民政府地方志办公室,2017. 湛江大事记(2001—2017)[Z].

张桂瑞,王金有,2021. 石油化工行业自然灾害风险统计与防控建议[J]. 化工设计通讯,47(10):30-31.

浙江省舟山市地方标准,2020. 港口作业气象预警等级及图标(DB3309/T 2001—2020)[S].

第4章

湛江钢铁行业气象服务

4.1 湛江钢铁行业布局

宝钢湛江钢铁有限公司(简称“湛江钢铁”)是全球领先的现代化钢铁联合企业,坐落于湛江东海岛东北部,占地面积约 16.8 km^2(图 4.1,图 4.2)。

湛江钢铁 2012 年 5 月开工建设,2015 年 9 月,一号高炉投产;2016 年 7 月,二号高炉投产;2019 年 3 月,三号高炉开工建设;2019 年铁水产量 834.9 万 t,钢坯产量 883.9 万 t,商品坯材 845.3 万 t;待三号高炉投产后,铁水、钢水、钢材年产量均超千

图 4.1 湛江钢铁位置

万吨。湛江钢铁及钢铁相关下游配套产业是湛江市的“三大产业航母”之一，湛江钢铁以华南地区为目标市场，并辐射东南亚，产品主要包括热轧薄板、普冷板、热镀锌、宽厚板、无取向硅钢等，面向汽车、家电、机械、建筑、造船、集装箱等碳钢板材高端市场，具备热轧超高强钢生产能力。

图 4.2 湛江钢铁远景图

4.2 钢铁行业与气象

湛江钢铁是全链条智能化现代钢铁生产运营企业，从散货码头矿石运输、炼铁炼钢、加工成品到产品物流分发等各个重要生产环节都跟气象条件关系密切，台风、暴雨、雷电、高温、大雾等灾害天气及次生灾害均可能对生产造成不利影响(表 4.1)。大风会对码头装卸设施、高空作业、通信供电、工程施工等造成不利影响；强降雨造成内涝积水，低洼的地方水浸；高温对炼铁炼钢生产、易燃易爆生产区域等造成不利影响；大雾高湿对物流运输、成品存储等造成不利影响；雷电对易燃易爆区域、通信网络、电气设备造成不利影响；巨浪对码头设施、运输船只、护岸堤坝等造成不利影响。如，2015 年 10 月 4 日 1522 号台风“彩虹”(超强台风级)正面袭击湛江钢铁厂区，大风、大雨、大浪造成风灾、雨灾、潮灾，装卸机械、施工设施等被大规模损毁，经济损失惨重。

表 4.1　灾害天气对钢铁行业影响

灾害性天气	主要影响
大风（含台风大风、冷空气强风、雷雨大风）	大风对运输船只，散货码头卸船机，成品码头吊装船机，各码头（主码头、成品码头、综合码头、重件码头、辅料码头、全天候码头）附属装卸设施，露天及高空作业，在建工程、工程施工设施、临时建筑，火车运输鱼雷罐车，电力供应，通信线路，烟囱、高架传输栏桥、架空输气管道等高耸建筑物，绿化树木等产生影响。风力越大，影响越严重，轻则可造成生产、施工不能正常开展，重则可造成人员伤亡和重大经济损失。台风带来的狂风骤雨，引起巨浪或风暴潮还可能冲垮护岸堤坝，冲毁码头设施，倾覆船只。
强降雨（含暴雨、短时强降雨）	强降雨造成内涝积水，低洼的地方水浸，对泵站、地下排水管网、排洪沟，安全水池，雨水收集池，原料堆场，室外电气设备，地下空间设备等造不利成影响，降雨持续时间越长，降雨量越大，影响就越大。强降雨期间，恰逢天文大潮期，排水口水位高，造成厂区排水困难，加剧内涝，更容易造成道路受浸、物流交通受阻、生产中断。
高温	高温对炼铁高炉生产，炼钢热轧生产，码头装卸，户外作业，冷轧成品，物流运输，电力供应，易燃易爆危化品储存设施（粗苯大槽、炼铁厂烧结液氨区、电厂液氨区、氧氮氩球罐区、高炉、焦炉煤气柜区、转炉煤气柜区等危险源区域）等造成不利影响。高温炎热，容易造成工作人员脱水、中暑。
大雾（含长时间阴雨高湿度）	大雾造成能见度差，长时间阴雨天气湿度大，对码头作业，物流运输，成品存储，电气设备保养，自动化火车运输鱼雷罐车等造成不利影响。
雷电	雷电产生高压电流，对电气设备，通信网络，易燃易爆危化品储存设施（粗苯大槽、炼铁厂烧结液氨区、电厂液氨区、氧氮氩球罐区、高炉、焦炉煤气柜区、转炉煤气柜区等危险源区域）等造成不利影响，甚至可能造成火灾、爆炸等事故。

4.3　钢铁行业气象灾害阈值指标

湛江钢铁所处地理位置以及生产特点，对气象服务的需求不一样，对多灾种气象灾害的敏感度和指标都与其他行业有一定的差异，制定不同气象灾害的阈值指标以及防御措施，是保障湛江钢铁安全生产的重要举措之一（表 4.2）。

表 4.2　灾害天气对钢铁行业影响阈值指标

灾害性天气	风险阈值指标	风险等级	服务指南	防御措施
台风	24 h 内台风影响，平均风≥6 级或阵风≥7 级。	Ⅳ（蓝色）	（1）发布台风服务专报：包括台风对钢铁企业影响的开始时间和持续时间、大风风力、降雨量等精细预报信息； （2）密切关注台风动态，及时发出台风订正专报； （3）提醒钢铁企业按照应急预案开展工作。	（1）钢铁企业启动防台风Ⅳ级应急预案； （2）日常值班，钢铁企业各部门行使所辖范围的灾害预警响应程序和防灾业务协调管理职能。

续表

灾害性天气	风险阈值指标	风险等级	服务指南	防御措施
台风	24 h内台风影响或已经受台风影响，平均风≥8级或阵风≥9级。	Ⅲ（黄色）	(1)发布台风服务专报：包括台风对钢铁企业影响的开始时间和持续时间、大风风力、降雨量等精细预报信息； (2)密切关注台风动态，及时发出订正专报：台风登陆前5 h、3 h、1 h，台风登陆后1 h、登陆后3 h、登陆后5 h各发布一次专报，提供对钢铁企业影响的风雨潮实况信息、风雨潮预报信息、预估恢复生产时间节点； (3)提醒钢铁企业按照应急预案开展工作。	(1)钢铁企业启动防台风Ⅲ级应急预案； (2)根据灾害预警时效和危害程度，钢铁企业各部门防灾工作小组成员在岗值班或待令值班，根据预案启动应急应对措施。
	12 h内台风影响或已经受台风影响，平均风≥10级或阵风≥11级。	Ⅱ（橙色）	(1)发布台风服务专报：包括台风对钢铁企业影响的开始时间和持续时间、大风风力、降雨量等精细预报信息； (2)密切关注台风动态，及时发出订正专报：台风登陆前5 h、3 h、1 h，台风登陆后1 h、登陆后3 h、登陆后5 h各发布一次专报，提供对湛江钢铁影响的风雨潮实况信息、风雨潮预报信息、预估恢复生产时间节点； (3)提醒钢铁企业按照应急预案开展工作。	(1)钢铁企业启动防台风Ⅱ级应急预案； (2)钢铁企业防灾指挥部办公室、各单位防灾领导小组成员在岗值班。重大突发性灾害险情发生时，组织采取应急措施并向指挥部领导报告； (3)制定救灾计划和复工复产时间表。
	12 h内台风影响或已经受台风影响，平均风≥12级。	Ⅰ（红色）	(1)发布台风服务专报：包括台风对钢铁企业影响的开始时间和持续时间、大风风力、降雨量等精细预报信息； (2)密切关注台风动态，及时发出订正专报：台风登陆前5 h、3 h、1 h，台风登陆后1 h、登陆后3 h、登陆后5 h各发布一次专报，提供对钢铁企业影响的风雨潮实况信息、风雨潮预报信息、预估恢复生产时间节点； (3)提醒钢铁企业按照应急预案开展工作。	(1)钢铁企业启动防台风Ⅰ级应急预案； (2)钢铁企业防灾指挥部成员在岗值班，统一指挥防御台风工作； (3)制定救灾计划和复工复产时间表。

续表

灾害性天气	风险阈值指标	风险等级	服务指南	防御措施
大风(含雷雨大风、冷空气强风)	30 min内受雷雨大风影响，平均风≥6级或阵风≥7级； 雷达回波≥60 dBZ。	Ⅲ (黄色)	(1)"重点行业气象服务系统"发出预警信息； (2)密切关注雷达回波演变情况，及时修正预警； (3)提醒钢铁企业启动相应应急预案。	(1)钢铁企业启动防大风Ⅲ级应急预案，迅速做好防大风防雷电工作； (2)停止高空作业； (3)停止户外集体活动。
	30 min内受雷雨大风影响，平均风≥8级或阵风≥9级； 雷达回波≥65 dBZ。	Ⅱ (橙色)	(1)"重点行业气象服务系统"发出预警信息； (2)密切关注雷达回波演变情况，及时修正预警； (3)提醒钢铁企业启动相应应急预案。	(1)钢铁企业启动防大风Ⅱ级应急预案，迅速做好防大风防雷电工作； (2)停止高空作业；停止卸船机、吊装船机； (3)停止户外作业和户外活动。
	30 min内受雷雨大风影响，平均风≥10级或阵风≥11级； 雷达回波≥70 dBZ。	Ⅰ (红色)	(1)"重点行业气象服务系统"发出预警信息； (2)密切关注雷达回波演变情况，及时修正预警； (3)提醒钢铁企业启动相应应急预案。	(1)钢铁企业启动防大风Ⅰ级应急预案，迅速做好防大风防雷电工作； (2)停止高空作业；停止卸船机、吊装船机； (3)停止户外作业和户外活动。
暴雨	30 min内出现降雨，雨量≤20 mm； 雷达回波≥35 dBZ。	Ⅳ (蓝色)	(1)"重点行业气象服务系统"发出预警信息；以及未来1 h内逐20 min降雨预报、未来3 h累计雨量预报； (2)密切关注雷达回波演变情况以及降雨实况，及时修正预警； (3)提醒钢铁企业启动相应应急预案。	(1)钢铁企业启动防暴雨Ⅳ级应急预案； (2)码头装卸，成品运输要关注降雨的影响。
	30 min内出现降雨，雨量>20 mm； 雷达回波≥50 dBZ。	Ⅲ (黄色)	(1)"重点行业气象服务系统"发出预警信息；以及未来1 h内逐20 min降雨预报、未来3 h累计雨量预报； (2)密切关注雷达回波演变情况以及降雨实况，及时修正预警； (3)提醒钢铁企业启动相应应急预案。	(1)钢铁企业启动防暴雨Ⅲ级应急预案； (2)关注低洼地方积水，原料堆场，室外电气设备，码头装卸，成品运输要注意防御。

续表

灾害性天气	风险阈值指标	风险等级	服务指南	防御措施
暴雨	过去 1 h 内降雨量已达 40 mm，预计降雨将持续；或过去 3 h 降雨量 80 mm，降雨持续。	Ⅱ （橙色）	(1)“重点行业气象服务系统”发出预警信息；以及未来 1 h 内逐 20 分钟降雨预报、未来 3 h 累计雨量预报； (2)密切关注雷达回波演变情况以及降雨实况，及时修正预警； (3)提醒钢铁企业启动相应应急预案。	(1)钢铁企业启动防暴雨Ⅱ级应急预案； (2)关注内涝积水，原料堆场，室外电气设备，码头装卸，成品运输要注意防御； (3)加强巡查，及时排水。
	过去 1 h 内降雨量已达 60 mm，预计降雨将持续；或过去 3 h 降雨量 100 mm，降雨持续。	Ⅰ （红色）	(1)“重点行业气象服务系统”发出预警信息；以及未来 1 h 内逐 20 min 降雨预报、未来 3 h 累计雨量预报； (2)密切关注雷达回波演变情况以及降雨实况，及时修正预警； (3)提醒钢铁企业启动相应应急预案。	(1)钢铁企业启动防暴雨Ⅰ级应急预案； (2)关注内涝积水，原料堆场，室外电气设备，码头装卸，成品运输要注意防御； (3)加强巡查，及时排水。
高温	气温≥32 ℃	Ⅲ （黄色）	(1)“重点行业气象服务系统”发出预警信息； (2)提醒钢铁企业启动相应应急预案。	(1)钢铁企业启动防高温Ⅲ级应急预案； (2)调整高温敏感生产区作业时间；每天高温时段减少户外露天作业。
	气温≥34℃	Ⅱ （橙色）	(1)“重点行业气象服务系统”发出预警信息； (2)提醒钢铁企业启动相应应急预案。	(1)钢铁企业启动防高温Ⅱ级应急预案； (2)调整高温敏感生产区作业时间；每天高温时段停止户外露天作业。
	气温≥37 ℃	Ⅰ （红色）	(1)“重点行业气象服务系统”发出预警信息； (2)提醒钢铁企业启动相应应急预案。	(1)钢铁企业启动防高温Ⅰ应急预案； (2)调整高温敏感生产区作业时间；每天高温时段停止户外露天作业；注意高温天气对电力供应的影响。

续表

灾害性天气	风险阈值指标	风险等级	服务指南	防御措施
大雾	能见度≤600 m	Ⅲ（黄色）	(1)“重点行业气象服务系统”发出预警信息；(2)提醒钢铁企业启动相应应急预案。	(1)钢铁企业启动防大雾Ⅲ级应急预案；(2)停止高空作业；(3)停止船只运输。
	能见度≤300 m	Ⅱ（橙色）	(1)“重点行业气象服务系统”发出预警信息；(2)提醒钢铁企业启动相应应急预案。	(1)钢铁企业启动防大雾Ⅱ应急预案；(2)停止高空作业；停止码头装卸作业；停止船只运输；火车鱼雷罐车切换为人工驾驶模式；成品存储仓库定时除湿。
	能见度≤100 m	Ⅰ（红色）	(1)“重点行业气象服务系统”发出预警信息；(2)提醒钢铁企业启动相应应急预案。	(1)钢铁企业启动防大雾Ⅰ应急预案；(2)停止高空作业；停止码头装卸作业；停止船只运输；火车鱼雷罐车切换为人工驾驶模式；成品存储仓库定时除湿。
雷电	雷击点位置距离(L)，$10 \leqslant L \leqslant 15$ km；雷达回波≥60 dBZ。	Ⅲ（黄色）	(1)“重点行业气象服务系统”发出预警信息；(2)提醒钢铁企业启动相应应急预案。	(1)钢铁企业启动防雷电Ⅲ级应急预案；(2)停止高空作业；做好电气设备、通信网络、易燃易爆生产区的应急保障。
	雷击点位置距离(L)，$5 \leqslant L < 10$ km；雷达回波≥60 dBZ。	Ⅱ（橙色）	(1)“重点行业气象服务系统”发出预警信息；(2)提醒湛江钢铁启动相应应急预案。	(1)钢铁企业启动防雷电Ⅱ应急预案；(2)钢铁企业停止高空作业；做好电气设备、通信网络、易燃易爆生产区的应急保障。
	雷击点位置距离(L)，$L < 5$ km；雷达回波≥60 dBZ。	Ⅰ（红色）	(1)“重点行业气象服务系统”发出预警信息；(2)提醒钢铁企业启动相应应急预案。	(1)钢铁企业启动防雷电Ⅰ级应急预案；(2)停止高空作业；做好电气设备、通信网络、易燃易爆生产区的应急保障。

4.4 钢铁行业周年气象服务方案

湛江钢铁行业气象保障是综合性的系统工程，精细化专业气象服务的主动性、针对性、及时性和预见性，不仅是做好灾害性天气服务的保障，也要做好重大活动、重点工作的气象保障。结合湛江钢铁行业的生产经营特点，制定周年气象服务方案（表 4.3）。

表 4.3 钢铁行业气象服务周年方案

月份	重点关注	服务产品	服务方式
1 月	冷空气强风，干燥火险，低温阴雨，潮湿大雾。	冷空气、低温阴雨等气象服务专报/中长期预报（旬报、月报）/冷空气强风、大雾预警。	微信/传真/邮件/重点行业服务系统。
2 月	冷空气强风，干燥火险，低温阴雨，潮湿大雾。	冷空气、低温阴雨等气象服务专报/中长期预报（旬报、月报）/冷空气强风、大雾预警。	微信/传真/邮件/重点行业服务系统。
3 月	冷空气强风，回南天，潮湿大雾，雷雨大风、短时强降雨等强对流天气。	回南天、汛期趋势展望等气象服务专报/中长期预报（旬报、月报、季报）/冷空气强风、大雾、强降雨预警。	微信/传真/邮件/重点行业服务系统。
4 月	回南天，潮湿大雾，雷雨大风、雷暴、短时强降雨等强对流天气、高温。	强对流天气、回南天等气象服务专报/中长期预报（旬报、月报）/雷雨大风、雷暴、强降雨、高温预警。	微信/传真/邮件/重点行业服务系统。
5 月	暴雨，季风辐合带，龙舟水，高温，雷雨大风、雷暴、短时强降雨等强对流天气。	季风辐合带、龙舟水等气象服务专报/中长期预报（旬报、月报）/雷雨大风、雷电、强降雨、高温预警。	微信/传真/邮件/重点行业服务系统。
6 月	台风，季风辐合带，龙舟水，高温，雷雨大风、雷暴、短时强降雨等强对流天气。	台风、连续高温、后汛期趋势展望等气象服务专报/中长期预报（旬报、月报、季报）/雷雨大风、雷电、强降雨、高温预警。	微信/传真/邮件/重点行业服务系统/风力≥12 级台风影响，技术人员现场服务驻点服务/电话。
7 月	台风，季风辐合带，高温，暴雨，雷雨大风、雷暴、短时强降雨等强对流天气。	台风、连续高温等气象服务专报/中长期预报（旬报、月报）/雷雨大风、雷电、强降雨、高温预警。	微信/传真/邮件/重点行业服务系统/风力≥12 级台风影响，技术人员现场服务驻点服务/电话。
8 月	台风，季风辐合带，暴雨，高温，雷雨大风、雷暴、短时强降雨等强对流天气。	台风、连续高温等气象服务专报/中长期预报（旬报、月报）/雷雨大风、雷电、强降雨、高温预警。	微信/传真/邮件/重点行业服务系统/风力≥12 级台风影响，技术人员现场服务驻点服务/电话。

续表

月份	重点关注	服务产品	服务方式
9 月	台风，季风辐合带，暴雨，高温，雷雨大风、雷暴、短时强降雨等强对流天气。	台风、连续高温等气象服务专报/中长期预报(旬报、月报、季报)/雷雨大风、雷电、强降雨、高温预警。	微信/传真/邮件/重点行业服务系统/风力≥12 级台风影响，技术人员现场服务驻点服务/电话。
10 月	台风，季风辐合带，暴雨，雷雨大风、雷暴、短时强降雨等强对流天气。	台风等气象服务专报/中长期预报(旬报、月报)/雷雨大风、雷电、强降雨、高温预警。	微信/传真/邮件/重点行业服务系统/≥12 级台风影响，技术人员现场服务驻点服务/电话。
11 月	季风辐合带，短时强降雨，干燥火险。	气象服务专报/中长期预报(旬报、月报)/雷雨大风、强降雨、火险预警。	微信/传真/邮件/重点行业服务系统。
12 月	冷空气强风，干燥火险。	强冷空气气象服务专报/中长期预报(旬报、月报)/冷空气强风、强降雨、火险预警。	微信/传真/邮件/重点行业服务系统。

参考文献

陈联寿，端义宏，宋丽莉，等，2012. 台风预报及其灾害[M]. 北京：气象出版社.

深圳市市场监督局. 2021. 港口气象灾害防御服务规范：DB4003/T 203—2021[S]. 深圳：深圳市市场监督管理局.

湛江市年鉴编纂委员会，2015. 湛江年鉴(2015)[M]. 广州：广东人民出版社.

第5章

湛江港口行业气象服务

5.1 湛江港口行业布局

湛江旧称“广州湾”，别称“港城”。“依海而建，因港而兴”，港口与湛江的每一步发展都息息相关，主要港口有 2 个，即湛江港和徐闻港。

湛江港是新中国成立后第一个自行设计建造的深水海港，自 1956 年开港以来，经过 70 多年的发展，已成为全国沿海 25 个主要港口之一、“一带一路”战略支点港口、西南沿海港口群的主体港、中西部地区货物进出口的主通道和中国南方能源、原材料等大宗散货的主要流通中心，目前拥有 30 万 t 级航道，是华南沿海地区通航条件和原油、铁矿石接卸条件最好的港口。湛江港(集团)股份有限公司是湛江最大的公共码头营运商，前身为湛江港务局，2004 年改制为湛江港集团有限公司，2007 年整体改制，成为由湛江市国资委、招商局国际、宝武钢铁集团等 8 家股东共同持股的投资股份公司，拥有霞山港区、调顺岛港区、宝满港区和东海岛港区，现有生产性泊位 37 个，其中拥有 1 个 40 万 t 级散货泊位，2 个 30 万 t 级原油泊位，1 个 25 万 t 级铁矿石泊位，2 个 15 万 t 级集装箱泊位和 1 个 15 万 t 级煤炭泊位，年设计通过能力超过 1 亿 t。

徐闻港是一个铁路、水路、公路三位一体综合交通枢纽的港口，也是全球最大客货滚装码头。徐闻港于 2017 年 1 月 1 日正式开工建设，工程建设总投资 20 亿元，建设 16 个万吨级客货滚装泊位、1 个万吨级危险品专用滚装泊位、7.7 万 m^2 的综合交通枢纽大楼，配套建设危险品过海车辆检测站、小车/客车过海检测站、公安检查站、过海车辆收费闸口和大型停车场等设施。其设计年吞吐能力为车辆 320 万辆次，旅客 1728 万人次。徐闻港于 2020 年 9 月 26 日正式开港运营。徐闻港建成后，徐闻与海口两地海上航程缩短了一半，到海南仅需 1 h，琼州海峡水路通道变得更加便捷通畅。

5.2 港口行业与气象

近年来海洋经济和港口快速发展，港口在“一带一路”建设中发挥着重要作用。随着港口规模的不断扩大，港口吞吐量不断增长，气象因素对港口的安全生产和经济效益影响日益显著。港口地理情况特殊、下垫面复杂，港口多发大雾、大风、强对流、风暴潮、台风等灾害天气。港口作业种类繁多，不同类型作业的重要敏感承灾体不同，主要分为船舶、码头、货物、机械设备、轨道交通、输油管道、临时建筑和作业人员等。海上作业船舶对海洋动力灾害的承受能力是不同的，例如当波浪周期大于 8 s 时，有的会造成断缆；在停船靠泊阶段，港口码头属于重要承灾体，船舶停靠时阵风大于 8 级会造成船舶撞击码头建筑。

在气象敏感作业条件下，通过模拟再现有/无气象服务介入时行业客户的场景动作，我们发现天气影响主要有以下三个方面：(1)影响港口船舶的进出，压港现象严重时，会产生巨额的滞期费，且根据国际航运现行情况，一次滞期无限滞期；(2)影响货物装卸、运输等港区内作业，降低港口经济效益主要来源的港口使用率；(3)对港口机械设施、环保要求、人员安全等带来直接灾损，以及灾损后衍生的恢复生产时延。

因此，当恶劣天气将要影响到港口作业区域时，海事部门通常会对该区域采取管制措施，甚至停止相关作业。随着“一带一路”建设的推进，港口贸易将更加频繁，港口管制造成的损失也将越来越大，并在一定程度上影响港口的美誉度。而具有针对性的临近气象预报、预警有利于港口安排作业和提高效率，有利于缩短因高影响天气引起的港口管制时间，同时也能降低气象灾害风险。随着卫星遥感、数据通信、海洋探测和数值天气预报等技术的发展，海洋气象探测和预报能力不断增强，为港口气象服务水平提升奠定了基础。

5.2.1 港口行业岗位角色

港口作为劳动密集型行业，从业者众，其中安全生产运行部、调度指挥中心、港口作业部、机械设备部(以上名字因港口不同会有差异)等港口运行单位为应用场景需求的发起方；除港口单位外，海事、交管等船舶航行监管单位也是气象服务的需求方。其中，生产运行部、调度指挥中心等决策部门负责“靠泊计划”的制定、船只调度、人员调度等，关注符合靠泊标准的“气象窗口期”进行相关调度安排；港口作业部、机械设备部等相关执行部门在船只临港时要关注受短时临近天气和海况影响的“作业窗口期”，又要关注雷电、阵风等敏感天气对人员和设备本身带来的灾损影响。

5.2.2 港口作业流程

港口作业的一般流程(图 5.1)以海上作业为起点，船舶抵达锚地后，提交 NOR

(notice of readiness),在确保气象条件良好,符合安全作业水文气象条件下,引航船进行引领,离开锚地前往码头靠泊。在进入港池准备靠上码头前,加密提供气象数据,停靠阶段预计持续 1 h,最终完成靠妥码头(船舶航行)。

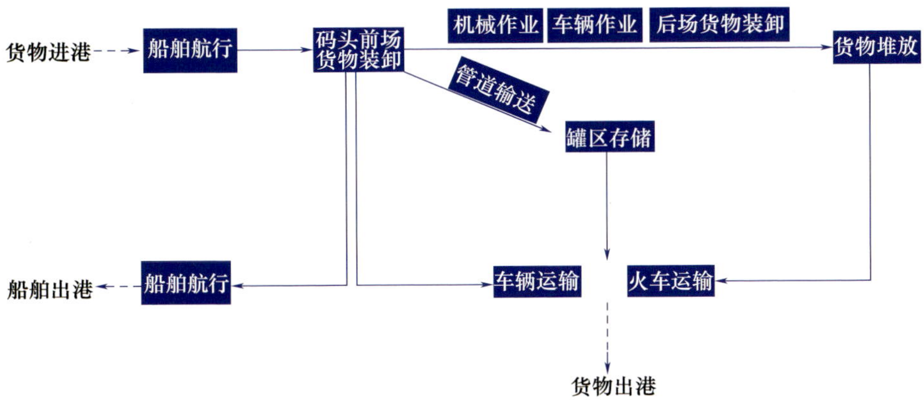

图 5.1 港口作业流程示意

对于停靠在码头泊位上的货船,总调度中心提前将货船的到达时间、货船吨位、货物种类、货主提货时间、货物去向等信息通知给分公司的调度中心。分调度中心接到通知后,派出门机司机、卡车司机等现场作业人员到码头卸货(前场货物装卸作业、环保监控作业)。

卸下来的货物若要入库存储,则根据货物种类采用不同的机械设备将其入库。对于油品,通常采用管道输送的方式运输到油罐中进行存储(油品输送作业);对于粮食,常常使用吸粮机输送到粮仓(机械作业);对于煤炭、铁矿石等货物,通常使用皮带机运输至煤炭、铁矿石堆场(机械作业、后场货物装卸作业、环保监控作业);对于集装箱,通常使用运输车运送至集装箱堆场(车辆作业)。在存储期间,需要对存放的货物进行管理(罐区存储作业、货物堆放作业),如,需注意降雨导致煤炭含水量过大或被冲散,导致货物遭受损失;需对化肥等怕水货物加盖帆布。货主提货期到,则按照货主要求,将货物装包以铁路、公路、水路等方式将货物运送出港(火车取送作业、车辆作业)。

卸下来的货物若不需入库存储,则直接使用火车、卡车等交通工具将货物运送出港(火车取送作业、车辆作业)。港口行业岗位角色人员和相应监管部门在不同节点发挥着不同作用。

5.2.3 港口行业主要气象灾害

湛江天气、气候复杂多变,因此湛江附近海域及港口也是气象灾害最频繁、最严重的地区之一。台风、强风、强对流天气、大雾等气象灾害对湛江地区的港口行业的发展造成了不利影响(表 5.1)。

表 5.1 灾害性天气对港口行业的影响

灾害性天气	主要影响
大风(含台风大风、冷空气大风、雷雨大风)	台风带来的强风雨天气可能会对港口的设施设备、货物等造成损坏,还会给船舶带来走锚、搁浅和碰撞的风险;台风的风暴潮引起海水倒灌,也会对沿海港口的船舶、货物、设备设施以及人员带来严重的经济和生命损失;当地气象台发布台风蓝色预警信号后,海事部门会要求船舶回港避风和停航,直至台风远离。因台风导致的停航停运时长一般为2 d左右,但如果遇到一些移速缓慢、路径复杂多变的台风,停运时间将会更长,这会对港口的效益造成严重影响。
强降雨(含暴雨、短时强降雨)	强降雨造成内涝积水,低洼的地方水浸,对泵站、地下排水管网、排洪沟,安全水池,雨水收集池,原料堆场,室外电气设备,地下空间设备等造成不利影响,降雨持续时间越长,降雨量越大,影响就越大;强降雨期间,恰逢天文大潮期,排水口水位高,造成生产区排水困难,加剧内涝,更容易造成道路受浸、物流交通受阻、生产中断。
高温	高温对码头作业、原油卸载、易燃易爆危化品物流运输,电力供应等均会造成不利影响。
大雾(含长时间阴雨高湿度)	大雾造成能见度差,对码头作业,物流运输,成品存储,造成不利影响;大雾长时间封航可能造成局部或整体的货物滞货、船舶压港、班轮甩港,也可能造成港口堆场的压力。

(1)台风

台风带来的强风雨天气可能会对港口的设施设备、货物等造成损坏,还会给船舶带来走锚、搁浅和碰撞的风险。此外,伴随着台风的风暴潮引起海水倒灌,也会对沿海港口的船舶、货物、设备设施以及人员带来严重的经济和生命损失。同时,通常在属地气象台发布台风蓝色预警信号后,海事部门会要求船舶回港避风和停航,也意味着港口将会暂停运营,直至台风远离。因台风导致的停航停运时长一般为 2 d左右,但如果遇到一些移速缓慢、路径复杂多变的台风,停运时间将会更长,这会对港口的效益造成严重影响。例如,2014 年 9 月 16 日,1415 号台风"海鸥"袭击湛江港,最大风速超过 42 m/s,台风登陆时潮汐 1.81 m,但受风暴潮影响,海水倒灌,港区受淹严重。湛江港大厦车库短短十几分钟被淹没,7 辆小汽车全被浸泡。2015 年 10 月 4 日,1522 号台风"彩虹"正面袭击湛江港,最大风速超过 65 m/s,刷新历史纪录;湛江大面积停水停电近 7 d,湛江宝钢码头 4 台卸船机被吹翻下海,湛江港集团 1 台卸船机被吹下海、2 台卸船机和 3 台门机被吹翻、8 座散粮钢板仓严重受损(图 5.2)。

(2)(冷空气)强风

除了台风外,冷空气从北方南下到达华南沿海海面时,也可能会给湛江附近海面带来强风,但风力通常比台风弱,一般以 7～9 级为主。船舶进入强风浪区域航行时,强风可导致船舶剧烈的运动、降速、航向不稳定,以及由此引发的其他操纵方面的困难,甚至出现难以意料的危险。强风不仅会影响船舶的离靠港口和海上的作业,也会影响港区作业,造成集装箱或货架的倾斜等危险,安全保障不到位的情况下还可能造成人员伤亡。当风力达到一定标准，海事部门还将对该区域采取管制措施甚至要求停航、停运，由于强风导致的停航通常为1～2 d。

图5.2　2015年台风“彩虹”对湛江港影响

(3)强对流天气

影响湛江地区的强对流天气主要有雷雨大风、强雷暴、龙卷以及伴随的强降水，它们虽然不如台风、强风等天气的影响持续时间长，通常只有几十分钟到几小时，影响范围也不广，但往往发生突然、强度大、破坏性大，能够提前防御的时间很短。像龙卷和一些极端雷雨大风的瞬时风力可以达到12级或以上，一旦影响到港口，对港口的人员、设备设施、船舶等各方面均会造成严重的安全威胁。尤其是海上正在航行作业的船舶，强对流天气可能会导致沉船事故的发生。

(4)大雾

大雾使能见度变差，导致驾驶员视线受阻，难以及时发现和判明相遇船动态，给船舶避让带来困难；在能见度不良时肉眼难以看到陆标和航标，只能通过雷达、电子海图等手段进行寻找，给船舶航行定位和导航带来困难；停航封港时将造成锚地船舶密度增大，船舶被迫在锚地外抛锚，影响船舶安全。大雾天气还会对正常的港口生产秩序产生非常不利的影响，长时间封航可能造成局部或整体的货物滞货、船舶压港、班轮甩港，也可能造成港口堆场的压力。例如，2018年2月15—25日，受大雾天气影响，琼州海峡南、北两岸客滚运输港口轮渡被迫多次间歇性停航高达17次，累计停航时间超过58 h，造成旅客、车辆大量滞留。

5.3　港口行业气象灾害阈值指标与防御措施

为了降低气象灾害对港口行业造成的损失，需制定出相关的气象灾害阈值指标，并根据可行的预报方法，制作相关的气象信息提前通知港口调度部门，让港口调度部门根据天气预报信息为船舶、港口转运等提供良好的到岗时间和合理的作业安排，有效利用“天时”要素，既节省作业时间，又能避免不必要的损失，从而提高港口作业经济效益(表 5.2)。

表 5.2　灾害天气对港口行业影响的阈值指标

灾害性天气	风险指标阈值	风险等级	气象服务指南	港口防御措施
台风	24 h 内台风影响，平均风≥6 级或阵风≥7 级。	Ⅳ (蓝色)	(1)发布台风服务专报:包括台风对港口影响的开始时间和持续时间、大风风力、降雨量等精细预报信息; (2)密切关注台风动态,及时发出订正专报; (3)提醒港口企业按照应急预案开展工作。	(1)港口企业启动防台风Ⅳ级应急预案; (2)海上作业人员应当适时撤离,船舶应当及时回港避风或者采取其他避风措施; (3)日常值班,港口各单位行使所辖范围的灾害预警响应程序和防灾业务协调管理职能。
	24 h 内台风影响或已经受台风影响，平均风≥8 级或阵风≥9 级。	Ⅲ (黄色)	(1)发布台风服务专报:包括台风对港口企业影响的开始时间和持续时间、大风风力、降雨量等精细预报信息; (2)密切关注台风动态,及时发出订正专报:台风登陆前 5 h、3 h、1 h,台风登陆后 1 h、登陆后 3 h、登陆后 5 h 各发布一次专报,提供对港口影响的风雨潮实况信息和风雨潮预报信息; (3)提醒港口企业按照应急预案开展工作。	(1)港口企业启动防台风Ⅲ级应急预案; (2)海上作业人员应当撤离,回港避风船舶不得擅自离港,并做好防御措施; (3)根据灾害预警时效和危害程度,各单位防灾工作小组成员在岗值班或待令值班,根据预案启动应急应对措施。
	12 h 内台风影响或已经受台风影响，平均风≥10 级或阵风≥11 级。	Ⅱ (橙色)	(1)发布台风服务专报:包括台风对港口企业影响的开始时间和持续时间、大风风力、降雨量等精细预报信息; (2)密切关注台风动态,及时发出订正专报:台风登陆前 5 h、3 h、1 h,台风登陆后 1 h、登陆后 3 h、登陆后 5 h 各发布一次专报,提供对港口企业影响的风雨潮实况信息和风雨潮预报信息; (3)提醒港口企业按照应急预案开展工作。	(1)港口企业启动防台风Ⅱ级应急预案; (2)加固港口设施;落实船舶防御措施,防止走锚、搁浅和碰撞; (3)港口防灾指挥部办公室、各单位防灾领导小组成员在岗值班;重大突发性灾害险情发生时,组织采取应急措施并向指挥部领导报告。

续表

灾害性天气	风险指标阈值	风险等级	气象服务指南	港口防御措施
台风	12 h 内台风影响或已经受台风影响，平均风≥12 级。	Ⅰ （红色）	(1)发布台风服务专报：包括台风对港口企业影响的开始时间和持续时间、大风风力、降雨量等精细预报信息； (2)密切关注台风动态，及时发出订正专报：台风登陆前 5 h、3 h、1 h，台风登陆后 1 h、登陆后 3 h、登陆后 5 h 各发布一次专报，提供对港口影响的风雨潮实况信息和风雨潮预报信息； (3)提醒港口企业按照应急预案开展工作。	(1)港口企业防台风Ⅰ级应急预案； (2)港口防灾指挥部成员在岗值班，统一指挥防御台风工作。
大风（冷空气、雷雨大风）	12 h 内受强风影响，平均风力≥6 级或阵风≥7 级； 20 km 范围内雷达回波≥60 dBZ。	Ⅲ （黄色）	(1)“重点行业气象服务系统”发出风险预警信息； (2)提醒港口企业启动防大风应急预案。	(1)港口企业启动防大风Ⅲ级应急预案，迅速做好防大风工作，视生产情况决定是否停止作业； (2)做好建筑物防范措施：及时对辖区内的设施进行仔细多线程检查，并对检查出的隐患及时整改； (3)做好设备设施防范措施：门机、轮胎式起重机、水平运输系统的负责人要严格执行操作规程，谨慎操作，要做到“慢、稳、准”； (4)做好重点作业防范措施：装卸船作业、装卸卡车作业、转堆作业、杂货(特殊物资)作业、大型机械设备维修作业、加油作业、抑制扬尘污染作业等严格按照规程安全操作； (5)停止高空作业；抗风等级不足 8 级的客滚船舶停运；相关水域水上作业和过往船舶采取积极的应对措施，如回港避风或者绕道航行等。

续表

灾害性天气	风险指标阈值	风险等级	气象服务指南	港口防御措施
大风(冷空气、雷雨大风)	6 h内受强风影响,平均风力≥7级或阵风≥9级;或实况平均风力≥7级;20 km范围内雷达回波≥65 dBZ。	Ⅱ(橙色)	(1)"重点行业气象服务系统"发出风险预警信息; (2)提醒港口企业启动防大风应急预案。	(1)港口企业启动防大风Ⅱ级应急预案,迅速做好防大风工作,原则上,室外装卸、施工等生产作业一律要暂时停止; (2)做好人员安全防范措施:现场人员在落实应急措施后安排撤离现场(或选择某一室内的安全位置)暂避风; (3)做好建筑物防范措施:及时对辖区内的设施进行仔细多线程检查,并对检查出的隐患及时整改,不能及时整改的要立即安排人员撤离出设施; (4)做好设备设施防范措施:立即停止作业,对设备设施进行防风加固操作后,切断电源并撤离避风; (5)做好重点作业防范措施:立即停止装卸船作业、装卸卡车作业、转堆作业、大型机械设备维修作业等,对设备设施进行防风加固操作后,切断电源撤离避风。
	6 h内受强风影响,平均风力≥8级或阵风≥10级;或实况平均风力≥8级;20 km范围内雷达回波≥70 dBZ。	Ⅰ(红色)	(1)"重点行业气象服务系统"发出风险预警信息; (2)提醒港口企业启动防大风应急预案。	(1)港口企业启动防大风Ⅰ级应急预案,迅速做好防大风工作; (2)全线停航停运;相关水域水上作业和过往船舶应当回港避风,加固港口设施,防止船舶走锚、搁浅和碰撞; (3)停止户外作业和户外活动。

续表

灾害性天气	风险指标阈值	风险等级	气象服务指南	港口防御措施
雷电	6 h 内可能有雷电发生，并可能会造成雷电灾害事故； 20 km 范围内雷达回波≥60 dBZ。	Ⅲ （黄色）	(1)“重点行业气象服务系统”发出风险预警信息； (2)密切关注雷达回波演变情况，及时修正预警信号； (3)提醒港口企业启动防雷电应急预案。	(1)港口企业启动防雷电Ⅲ级应急预案，迅速做好防雷电工作； (2)应立即停止油品及化工品的装卸作业，在露天作业的相关人员立即回到安全地方躲避； (3)加强检查所辖区域防雷设备设施的日常检查，包括油罐罐顶，油泵房，变电所，油码头输油臂、消防炮等重点部位。
	2 h 内发生雷电活动的可能性很大，或者已经受雷电活动影响，且可能持续，出现雷电灾害事故的可能性比较大； 20 km 范围内雷达回波≥65 dBZ。	Ⅱ （橙色）	(1)“重点行业气象服务系统”发出风险预警信息； (2)密切关注雷达回波演变情况，及时修正预警信号； (3)提醒港口企业启动防雷电应急预案。	(1)港口企业启动防雷电Ⅱ级应急预案，迅速做好防雷电工作； (2)应立即停止油品及化工品的装卸作业，在露天作业的相关人员立即回到安全地方躲避； (3)加强检查所辖区域防雷设备设施的日常检查，包括油罐罐顶，油泵房，变电所，油码头输油臂、消防炮等重点部位。
	2 h 内发生雷电的可能性非常大，或者已经有强烈的雷电发生，且可能持续，出现雷电灾害事故的可能性非常大； 20 km 范围内雷达回波≥70 dBZ。	Ⅰ （红色）	(1)“重点行业气象服务系统”发出风险预警信息； (2)密切关注雷达回波演变情况，及时修正预警信号； (3)提醒港口企业启动防雷电应急预案。	(1)港口企业启动防雷电Ⅰ级应急预案，迅速做好防雷电工作； (2)应立即停止油品及化工品的装卸作业，在露天作业的相关人员立即回到安全地方躲避； (3)加强检查所辖区域防雷设备设施的日常检查，包括油罐罐顶，油泵房，变电所，油码头输油臂、消防炮等重点部位。

续表

灾害性天气	风险指标阈值	风险等级	气象服务指南	港口防御措施
大雾	(实况或预报)2000 m＜能见度≤3000 m	Ⅳ（蓝色）	(1)“重点行业气象服务系统”发出风险预警信息； (2)密切监测能见度变化，研判大雾发展趋势，适时向港口发出提醒； (3)提醒港口企业启动防大雾应急预案。	(1)港口企业启动防大雾Ⅳ级应急预案，迅速做好防大雾工作； (2)10万载重吨以上的船舶不得驶入龙腾航道。上述船舶若在航道中航行应在确保安全的前提下尽快驶离航道，选择安全水域锚泊； (3)密切关注能见度变化情况。
	(实况或预报)1000 m＜能见度≤2000 m	Ⅲ（黄色）	(1)“重点行业气象服务系统”发出风险预警信息； (2)密切监测能见度变化，研判大雾发展趋势，适时向港口发出提醒； (3)提醒港口企业启动防大雾应急预案。	(1)港口企业启动防大雾Ⅲ级应急预案，迅速做好防大雾工作； (2)港内载客船舶(不包括港内渡船)、5万载重吨以上船舶、液货船、载运危险货物的船舶及未安装雷达设备的船舶不得航行；上述船舶若在航道中航行应在确保安全的前提下尽快驶离航道，选择安全水域锚泊； (3)密切关注能见度变化情况。
	(实况或预报)能见度≤500 m	Ⅱ（橙色）	(1)“重点行业气象服务系统”发出风险预警信息； (2)密切监测能见度变化，研判大雾发展趋势，适时向港口发出提醒； (3)提醒港口企业启动防大雾应急预案。	(1)港口企业启动防大雾Ⅱ级应急预案，迅速做好防大雾工作； (2)船舶不得航行。上述船舶若在航道中航行应在确保安全的前提下尽快驶离航道，选择安全水域锚泊； (3)密切关注能见度变化情况。

续表

灾害性天气	风险指标阈值	风险等级	气象服务指南	港口防御措施
大雾	(实况或预报)能见度≤50 m	Ⅰ (红色)	(1)“重点行业气象服务系统”发出风险预警信息; (2)密切监测能见度变化,研判大雾发展趋势,适时向港口发出提醒; (3)提醒港口启动防大雾应急预案。	(1)港口启动防大雾应急Ⅰ级预案,迅速做好防大雾工作; (2)所有船舶不得航行,暂停所有户外生产作业。
高温	24 h 内最高气温将升至 35 ℃或者已经超过 35 ℃	Ⅲ (黄色)	(1)“重点行业气象服务系统”发出风险预警信息; (2)提醒港口企业启动防高温应急预案。	(1)港口企业启动防高温Ⅲ级应急预案,迅速做好防高温工作; (2)做好重点场所如散粮筒仓、硫黄、鱼粉等危险货物仓库等的降温、通风散热工作; (3)安排露天作业人员中午降温休息 2 h,准备好凉茶、“十滴水”等防暑降温物品和药品。
	24 h 内最高气温将升至 37 ℃以上或者已经超过 37 ℃	Ⅱ (橙色)	(1)“重点行业气象服务系统”发出风险预警信息; (2)提醒港口企业启动防高温应急预案。	(1)港口企业启动防高温Ⅱ级应急预案,迅速做好防高温工作; (2)做好重点场所如散粮筒仓、硫黄、鱼粉等危险货物仓库等的降温、通风散热工作; (3)尽量避免午后高温时段的露天作业,准备好凉茶、“十滴水”等防暑降温物品和药品。
	24 h 内最高气温将升至 39 ℃以上	Ⅰ (红色)	(1)“重点行业气象服务系统”发出风险预警信息; (2)提醒港口企业启动防高温应急预案。	(1)港口企业启动防高温Ⅰ级应急预案,迅速做好防高温工作; (2)停止户外露天作业。

续表

灾害性天气	风险指标阈值	风险等级	气象服务指南	港口防御措施
强降水	6 h内将出现大雨或已经出现大雨(4.0～7.9 mm/h或25～50 mm/24 h)	Ⅲ (黄色)	(1)“重点行业气象服务系统”发出风险预警信息； (2)提醒港口企业启动防暴雨应急预案。	(1)港口企业启动防暴雨Ⅲ级应急预案，迅速做好防大雨工作； (2)注意及时将前沿码头货物转到后场以防货物被冲下海；对库场、仓库货物加盖帆布防止货物被冲散或造成货损；排查门机电缆是否存在隐患； (3)视实际情况决定是否暂停作业，不停止作业时需谨慎作业。
	6 h内将出现暴雨或已经出现暴雨(8.0～19.9 mm/h或50～100 mm/(24 h))	Ⅱ (橙色)	(1)“重点行业气象服务系统”发出风险预警信息； (2)提醒港口企业启动防暴雨应急预案。	(1)港口企业启动防暴雨Ⅱ级应急预案，迅速做好防大雨工作； (2)注意及时将前沿码头货物转到后场以防货物被冲下海；对库场、仓库货物加盖帆布防止货物被冲散或造成货损；排查门机电缆是否存在隐患等； (3)建议暂停户外作业。
	6 h内将出现暴雨或已经出现大暴雨及以上(20.0 mm/h以上或100 mm/(24 h)以上)	Ⅰ (红色)	(1)“重点行业气象服务系统”发出风险预警信息； (2)提醒港口企业启动防暴雨应急预案。	(1)港口企业启动防暴雨Ⅰ级应急预案，迅速做好防大雨工作； (2)停止户外露天作业。

5.4 港口行业周年气象服务方案

港口地理情况特殊、下垫面复杂，港口作业种类繁多，不同类型作业其重要敏感承灾体也不同，有针对性开展港口行业气象服务是很有必要的。结合港口行业的生产经营特点，制定周年气象服务方案(表5.3)。

表 5.3 湛江港口行业气象服务周年方案

月份	重点关注	服务产品	服务方式
1 月	冷空气强风，大雾。	冷空气强风、大雾等气象服务专报/中长期预报(旬报、月报)/大风、大雾预警。	微信/传真/邮件/重点行业服务系统。
2 月	冷空气强风，大雾。	冷空气强风、大雾等气象服务专报/中长期预报(旬报、月报)/大风、大雾预警。	微信/传真/邮件/重点行业服务系统。
3 月	冷空气强风，大雾，雷雨大风、短时强降雨等强对流天气。	冷空气强风、大雾等气象服务专报/汛期趋势展望等气象服务专报/中长期预报(旬报、月报、季报)/大风、大雾预警。	微信/传真/邮件/重点行业服务系统。
4 月	大雾，雷雨大风、雷暴、短时强降雨等强对流天气。	强对流天气等气象服务专报/中长期预报(旬报、月报)/大风、大雾预警。	微信/传真/邮件/重点行业服务系统。
5 月	暴雨，季风辐合带，龙舟水，高温，雷雨大风、雷暴、短时强降雨等强对流天气。	季风辐合带，龙舟水、气象服务专报/中长期预报(旬报、月报)/大风、雷电、强降雨预警。	微信/传真/邮件/重点行业服务系统。
6 月	台风，季风辐合带，龙舟水，高温，雷雨大风、雷暴、短时强降雨等强对流天气。	台风、后汛期趋势展望等气象服务专报/中长期预报(旬报、月报、季报)/大风、雷电、强降雨、高温预警。	微信/传真/邮件/重点行业服务系统/。
7 月	台风，季风辐合带，高温，暴雨，雷雨大风、雷暴、短时强降雨等强对流天气。	台风、连续高温等气象服务专报/中长期预报(旬报、月报)/大风、雷电、强降雨、高温预警。	微信/传真/邮件/重点行业服务系统。
8 月	台风，季风辐合带，暴雨，高温，雷雨大风、雷暴、短时强降雨等强对流天气。	台风、连续高温等气象服务专报/中长期预报(旬报、月报)/大风、雷电、强降雨、高温预警。	微信/传真/邮件/重点行业服务系统。
9 月	台风，季风辐合带，暴雨，高温，雷雨大风、雷暴、短时强降雨等强对流天气。	台风、连续高温等气象服务专报/中长期预报(旬报、月报、季报)/大风、雷电、强降雨、高温预警。	微信/传真/邮件/重点行业服务系统。
10 月	台风，季风辐合带，暴雨，冷空气强风，雷雨大风、雷暴、短时强降雨等强对流天气。	台风、冷空气强风等气象服务专报/中长期预报(旬报、月报)/大风、雷电、强降雨预警。	微信/传真/邮件/重点行业服务系统。
11 月	冷空气强风，季风辐合带。	气象服务专报/中长期预报(旬报、月报)/大风预警。	微信/传真/邮件/重点行业服务系统。
12 月	冷空气强风。	气象服务专报/中长期预报(旬报、月报)/大风预警。	微信/传真/邮件/重点行业服务系统。

参考文献

陈峥蓉，黄燕波，农成万，等，2018. 北部湾沿海港口大风要素服务指标制定与应用[J]. 气象研究与应用，39(3)：80-82.

董飙，2021. 天津港能见度不良拖船的安全保障措施[J]. 天津航海(2)：20-23.

《广东省天气预报技术手册》编写组，2006. 广东省天气预报技术手册[M]. 北京：气象出版社.

广东省情数据库，2020. 湛江年鉴 2020[EB/OL]. http://dfz.gd.gov.cn/dfz/html/gdsqsj/sxnj/pc/page1.shtml#/

孔扬，王科，薛国强，等，2019. 新时期宁波舟山港气象服务新模式[J]. 中国水运（下半月），19(10)：25-26.

孔扬，赵昶昱，王科，等，2021. 宁波舟山港气象灾害风险及服务效益评估[J]. 热带气象学报，37(1)：82-90.

钱燕珍，赵昶昱，孔扬，等，2022. 港口气象服务进展及其效益评估技术研究[J]. 海洋开发与管理，39(4)：55-61.

孙玫玲，王雪娇，郭玲，2020. 智慧港口气象服务系统建设——以天津港为例[J]. 气象研究与应用，41(1)：31-34.

徐闻县人民政府珊瑚网，2022. 徐闻大事记[EB/OL]. http://www.xuwen.gov.cn/xxgk/zfxxgklm/xwdsj/content/post_1602845.html

湛江市人民政府网. 湛江概况[EB/OL]. https://www.zhanjiang.gov.cn/mlzj/zjgk/content/post_1300793.html

第6章

湛江风电行业气象服务

6.1 湛江风电行业布局

风能是空气流动所具有的动能。风能资源与其他能源相比，优点是蕴藏量大、可再生、无污染，缺点是不稳定、密度低、地区差异大。风力发电是利用风能获得电能的过程，是利用风能资源的一种重要形式。雷州半岛地处低纬度，三面临海，海岸线长，东部沿岸和近岸海域年平均风速≥3 m/s、年平均风功率密度≥25 W/m^2、年有效风功率密度≥200 W/m^2，按风能储量划分属于高产区，风能资源丰富，是建设风电场的优先选址地区。

截至 2021 年，在湛江投资建立风电场的企业有国家电投徐闻风力发电有限公司、华电前山风力发电有限公司、华电徐闻风电有限公司、徐闻县粤水电能源有限公司、广东粤电湛江风力发电有限公司、中航粤海风力发电有限公司、国电电力广东新能源开发有限公司雷州分公司、中航申新风力发电有限公司、广东粤电雷州风力发电有限公司、华润风电（雷州）有限公司、国家电投集团雷州新能源发电有限公司、华能湛江风力发电有限公司、华能新能源股份有限公司广东分公司等 13 家，建设风电场 27 个，风能发电机组 999 台，总装机容量为 2258.1 MW。风电场大部分布在雷州半岛东南部沿岸和近岸海域（图 6.1）。其中，徐闻有风山、和安、徐闻海上、盐井、学田、三阳、华海、下桥、新寮、曲界、洋前、勇士、友好、石板岭、外罗海上、南华五兔山、角尾、下洋等 18 个风电场，发电机组 644 台，总装机容量 1535.6 MW；雷州有调风大牛岭、东里镇、调风仕礼岭、雷高镇、火炬农场、金星农场、调风井仔等 7 个风电场，发电机组 353 台，总装机容量 629 MW；湛江坡头有南三风电场，发电机组 17 台，总装机容量 44 MW；廉江有红卫风电场，发电机组 33 台，总装机容量 49.5 MW。

图 6.1　湛江风电场布局

6.2　风电行业与气象

风力发电是利用风能资源的重要形式，既依靠气象条件又受制于气象条件。风电项目设计、风电场建设、风电生产、风电调度、风机维护、风电技术研究等都与气象要素密切相关。影响风机运行的主要气象要素有风速、雷暴、高温、低温、空气湿度等。一般情况下，风电机组正常运行的温度为−10～40 ℃，风速为 3～25 m/s，相对湿度临界值为 60%。气温过高（>42 ℃）或过低（<−10 ℃）、风速太大（>25 m/s）或太小（<3 m/s）都会影响风电机组的正常运行。湛江频繁发生的台风、雷雨大风、暴雨、雷电、高温、大雾等气象灾害均对风电行业造成不利影响（表 6.1）。大风（风速≥25 m/s）造成风机保护性停机或导致机组、塔筒、输电塔损毁（图 6.2）；雷电可能引起线路跳闸，破坏风电机组、塔筒，影响维护、施工人员安全；强降雨使风叶受力不均，底座进水；高温导致电气设备散热性能下降、润滑油黏性变低，气温变幅大、骤升骤降均会对风机零部件造成损坏；雾天湿度大，影响电气的绝缘性，沿海高盐高湿容易导致金属腐蚀。

海上风电机组距离陆地较远，加上准备时间交通船来回需要约 12 h，在台风等灾害天气来临需要撤离时，企业需要提前 17～24 h 准备。再加上中国南海海况与其他海区不同，中国南海“土台风”生成快、路径复杂、准备时间短。目前海上风电企业的应急预案也在不断调整中，避险和撤离机制亟待完善。同时，目前海上风电防雷技术体系尚不完善，缺少专门的海上风电防雷设计、施工和检测规范，海上风电机组的防雷安全存在隐患，雷击灾害损失严重。海上升压平台、风机安装施工过程中需要有较长一段时间较为准确的静风窗口期预报，即使预报稍有偏差，在施工期间出现风影响，施工船只和吊机也无法完成安装，导致资源和时间成本大量浪费。

表 6.1　灾害天气对风电场的影响

灾害性天气	主 要 影 响
大风（含台风大风、冷空气大风、雷雨大风）	风力发电的有效风速 3～25 m/s，风速大小直接影响风电场选址和风电生产调度。风速小于 3 m/s，风机处于停机状态；风速大于 8 m/s 时，风电场建设中不能吊装风叶、塔筒；风速大于 11 m/s 时，不能进行风机维护、维修；风速大于 25 m/s 时，风速超过设计风速，发电功率输出不稳定，不利于电力能量调度和保持稳定，风机将保护停机或导致机组损坏；供电线路变形、断线或脱落；风力大于 12 级（33 m/s）风电发电场发电机组可能会受损、塔筒倒塌。大风灾害中台风灾害影响最为严重，可造成重大经济损失或人员伤亡。
强降雨（含暴雨、短时强降雨）	强降雨造成风叶受力不均；长时间强降雨可能导致风机内部电气故障；强降雨可能导致高山风电场山体滑坡，道路被冲毁；强降雨可能导致底座进水，对风电设备的防水密封性有很大影响。
高 温	气温过高会导致电气设备的散热性能下降，润滑油脂的黏性降低；大风高温情况下，容易引起设备高温问题，发电机机舱内气温升高过快，威胁发电机的正常工作；气温变幅大，材料性能会受到影响，容易产生水汽，也会影响电控元件的可靠性，电网的输出变化大，增加调控难度；气温骤升骤降均会对风机零部件造成损坏。
大雾（含长时间阴雨高湿度）	大雾造成能见度差、湿度增大，对风电功率曲线有影响；湿度过高会影响电气的绝缘性，输电线网产生结露；高温、高湿容易造成电子元件短路，引发故障；沿海高盐、高湿可加快金属腐蚀。
雷 电	雷电产生高压大电流，可能引起线路跳闸，破坏风电机组、线路、塔筒，影响电网安全运行；闪电导致通信系统中断，保护系统失控。雷电可能导致电机机舱和叶片起火。影响维护、施工人员安全。

图 6.2　1409 号台风“威马逊”造成风力发电机塔筒、输电塔损毁

6.3 风电行业气象灾害阈值指标与防御措施

湛江风电场对风速、湿度、降雨、高温等气象要素具有很高的敏感性，设定台风、暴雨、雷电、大雾等多灾种对风电行业的灾害阈值指标，是做好风电生产、风电调度、风机维护以及风电场建设气象服务的保证，也是风电行业有效防御气象灾害的决策依据(表 6.2)。

表 6.2 风电行业服务指标阈值

灾害性天气	风险阈值指标	风险等级	服务指南	防御措施
台风	24 h 内台风影响，平均风≥6 级或阵风≥7 级。	Ⅳ (蓝色)	(1)发布台风服务专报：包括台风对湛江风电影响的开始时间和持续时间、大风风力、降雨量等精细预报信息； (2)密切关注台风动态，及时发出订正专报； (3)提醒风电企业按照应急预案开展工作。	(1)风电企业启动防台风Ⅳ级应急预案； (2)停止风机叶片、塔筒吊装； (3)抓紧时间做一些巡查。
	24 h 内台风影响或已经受台风影响，平均风≥8 级或阵风≥9 级。	Ⅲ (黄色)	(1)发布台风服务专报：包括台风对湛江风电影响的开始时间和持续时间、大风风力、降雨量等精细预报信息； (2)密切关注台风动态，及时向风电企业提供台风位置、路径、移动速度等实况信息；每小时向风电企业提供一次最新的风速、风向、降雨量实测数据； (3)提醒风电企业按照应急预案开展工作。	(1)风电企业启动防台风Ⅲ级应急预案； (2)停止风机叶片、塔筒吊装； (3)停止对风机的维护工作、停止巡查工作。
	12 h 内台风影响或已经受台风影响，平均风≥10 级或阵风≥11 级。	Ⅱ (橙色)	(1)发布台风服务专报：包括台风对湛江风电影响的开始时间和持续时间、大风风力、降雨量等精细预报信息； (2)密切关注台风动态，及时向风电企业提供台风位置、路径、移动速度等实况信息；每小时向风电企业提供一次最新的风速、风向、降雨量实测数据； (3)提醒风电企业按照应急预案开展工作。	(1)风电企业启动防台风Ⅱ级应急预案； (2)停止风机叶片、塔筒吊装； (3)停止对风机的维护工作、停止巡查工作。

续表

灾害性天气	风险阈值指标	风险等级	服务指南	防御措施
台风	12 h 内台风影响或已经受台风影响，平均风≥12 级。	Ⅰ （红色）	(1)发布台风服务专报：包括台风对湛江风电影响的开始时间和持续时间、大风风力、降雨量等精细预报信息； (2)密切关注台风动态，及时向风电企业提供台风位置、路径、移动速度等实况信息；每小时向风电企业提供一次最新的风速、风向、降雨量实测数据； (3)提醒风电企业按照应急预案开展工作。	(1)风电企业启动防台风Ⅰ级应急预案； (2)停止风机叶片、塔筒吊装； (3)停止对风机的维护工作、停止巡查工作。
大风（含雷雨大风、冷空气强风）	30 min 内受雷雨大风影响，平均风≥6 级或阵风≥7 级；雷达回波≥60 dBZ。	Ⅲ （黄色）	(1)“重点行业气象服务系统”发出预警信息； (2)密切关注雷达回波演变情况，及时修正预警； (3)提醒风电企业启动相应应急预案。	(1)风电企业启动防大风Ⅲ级应急预案； (2)停止风机叶片、塔筒吊装； (3)停止对风机的维护工作、停止巡查工作。
	30 min 内受雷雨大风影响，平均风≥8 级或阵风≥9 级；雷达回波≥65 dBZ。	Ⅱ （橙色）	(1)“重点行业气象服务系统”发出预警信息； (2)密切关注雷达回波演变情况，及时修正预警； (3)提醒风电企业启动相应应急预案。	(1)风电企业启动防大风Ⅱ级应急预案； (2)停止风机叶片、塔筒吊装； (3)停止对风机的维护工作、停止巡查工作。
	30 min 内受雷雨大风影响，平均风≥10 级或阵风≥11 级；雷达回波≥70 dBZ。	Ⅰ （红色）	(1)“重点行业气象服务系统”发出预警信息； (2)密切关注雷达回波演变情况，及时修正预警； (3)提醒湛江风电企业启动相应应急预案。	(1)风电企业启动防大风Ⅰ级应急预案； (2)停止风机叶片、塔筒吊装； (3)停止对风机的维护工作、停止巡查工作。
暴雨	30 min 内出现降雨，小时雨量＞40 mm；雷达回波≥60 dBZ。	Ⅰ （红色）	(1)“重点行业气象服务系统”发出预警信息；以及未来 1 h 内逐 20 min 降雨预报、未来 3 h 累计雨量预报； (2)密切关注雷达回波演变情况，每小时提供最新的降雨实况和未来降雨预报； (3)提醒风电企业启动相应应急预案。	(1)风电企业启动防暴雨Ⅰ级应急预案； (2)停止风机叶片、塔筒吊装； (3)停止对风机的维护工作、停止巡查工作。

续表

灾害性天气	风险阈值指标	风险等级	服务指南	防御措施
高温	气温≥39 ℃	Ⅰ （红色）	(1)“重点行业气象服务系统”发出预警信息； (2)发出高温气象服务专报，包括高温持续时间以及每天出现高温的主要时段； (3)提醒风电企业启动相应应急预案。	(1)风电企业启动防高温Ⅰ级应急预案； (2)停止风机叶片、塔筒吊装； (3)停止对风机的维护工作、停止巡查工作。
阴雨高湿	连续 3 d 阴雨，相对湿度≥98%。	Ⅰ （红色）	(1)发出阴雨高湿气象服务专报，包括阴雨高湿持续时间，大雾出现主要时段； (2)提醒风电企业启动相应应急预案。	(1)风电企业启动阴雨高湿Ⅰ级应急预案； (2)做好主要线路、零部件维护。
雷电	30 min 内受雷电影响； 雷达回波≥60 dBZ。	Ⅰ （红色）	(1)“重点行业气象服务系统”发出预警信息； (2)提醒风电企业启动相应应急预案。	(1)风电企业启动Ⅰ级雷电应急预案； (2)停止风机叶片、塔筒吊装； (3)停止对风机的维护工作、停止巡查工作。

6.4 风电行业周年气象服务方案

湛江风电行业气象服务在不同季节、不同时段的关注重点是不一样的，结合湛江风电行业的生产经营特点，制定周年气象服务方案（表 6.3）。

表 6.3　湛江风电行业周年气象服务方案

月份	重点关注	服务产品	服务方式
1 月	冷空气强风，低温阴雨，潮湿大雾。	冷空气强风、低温阴雨等气象服务专报/中长期预报（旬报、月报）/大风、大雾预警。	微信/传真/邮件。
2 月	冷空气强风，低温阴雨，潮湿大雾。	冷空气强风、低温阴雨等气象服务专报/中长期预报（旬报、月报）/大风、大雾预警。	微信/传真/邮件。
3 月	冷空气强风，回南天，潮湿大雾，雷雨大风、短时强降雨等强对流天气。	回南天、汛期趋势展望等气象服务专报/中长期预报（旬报、月报、季报）/大风、大雾、强降雨预警。	微信/传真/邮件/重点行业服务系统。

续表

月份	重点关注	服务产品	服务方式
4 月	回南天，潮湿大雾，雷雨大风、雷暴、短时强降雨等强对流天气。	强对流天气、回南天等气象服务专报/中长期预报（旬报、月报）/大风、大雾、强降雨预警。	微信/传真/邮件/重点行业服务系统。
5 月	暴雨，季风辐合带，龙舟水，雷雨大风、雷暴、短时强降雨等强对流天气。	季风辐合带，龙舟水、气象服务专报/中长期预报（旬报、月报）/大风、雷电、强降雨预警。	微信/传真/邮件/重点行业服务系统。
6 月	台风，季风辐合带，龙舟水，高温，雷雨大风、雷暴、短时强降雨等强对流天气。	台风、后汛期趋势展望等气象服务专报/中长期预报（旬报、月报、季报）/大风、雷电、强降雨、高温预警。	微信/传真/邮件/重点行业服务系统。
7 月	台风，季风辐合带，高温，暴雨，雷雨大风、雷暴、短时强降雨等强对流天气。	台风、连续高温等气象服务专报/中长期预报（旬报、月报）/大风、雷电、强降雨、高温预警。	微信/传真/邮件/重点行业服务系统。
8 月	台风，季风辐合带，暴雨，高温，雷雨大风、雷暴、短时强降雨等强对流天气。	台风、连续高温等气象服务专报/中长期预报（旬报、月报）/大风、雷电、强降雨、高温预警。	微信/传真/邮件/重点行业服务系统。
9 月	台风，季风辐合带，暴雨，高温，雷雨大风、雷暴、短时强降雨等强对流天气。	台风、连续高温等气象服务专报/中长期预报（旬报、月报、季报）/大风、雷电、强降雨、高温预警。	微信/传真/邮件/重点行业服务系统。
10 月	台风，季风辐合带，暴雨，雷雨大风、雷暴、短时强降雨等强对流天气。	台风等气象服务专报/中长期预报（旬报、月报）/大风、雷电、强降雨预警。	微信/传真/邮件/重点行业服务系统。
11 月	季风辐合带，短时强降雨。	气象服务专报/中长期预报（旬报、月报）/大风、强降雨预警。	微信/传真/邮件/重点行业服务系统。
12 月	冷空气强风。	气象服务专报/中长期预报（旬报、月报）/大风。	微信/传真/邮件/重点行业服务系统。

参考文献

陈欣，宋丽莉，黄浩辉，等，2011. 中国典型地区风能资源特征研究[J]. 太阳能学报，32(3)：331-336.

丁雪松，胡程达，孙佳丽，等，2013. 德尔斐法在江苏省风电行业气象服务效益评估中的应用[J]. 气象研究与应用，34(4)：35-41.

胡威，崔冬林，张双益，2020. 气象灾害对风电项目的影响及风险应对[J]. 能源与环境(5)：

114-116.

刘东海，宋丽莉，李国平，等，2011. 强台风“黑格比”实测海上风电机组极端风况特征参数分析和讨论[J]. 热带气象学报，27(3)：317-326.

欧阳里程，张维，吴巍巍，2012. 广东省风电行业气象服务效益评估[J]. 广东气象，35(5)：50-53.

深圳市市场监督局，2021. 港口气象灾害防御服务规范：DB4003/T 203—2021[S].

汪如良，刘志平，岳旭，等，2012. 江西风电行业气象服务调查与分析[J]. 能源研究与管理(3)：43-46.

张羽，2021. 广东省气候资源及其合理开发利用[M]. 北京：气象出版社.

第7章

湛江现代农业气象服务

7.1 湛江现代农业布局

湛江地处北回归线以南的热带和亚热带过渡区域，属热带北缘季风气候，年平均气温约 22.8 ℃，年雨量 1300～1800 mm，光热充足、雨量丰沛，冬无严寒、夏无酷暑，特别适宜种植和发展优质果菜及各种热带、亚热带经济作物，是发展现代农业的“风水宝地”。湛江是中国重要的亚热带果木、蔬菜及糖蔗生产基地和南亚热带现代农业示范区。省级以上现代农业产业园有 21 个，农业龙头企业有 214 家，全国名特优新农产品有 40 种，建成了一批规模化、专业化的特色优势农业生产基地，形成以粮、油、糖为基础，以南亚热带水果、北运蔬菜、水产品、畜产品为主导的特色优势农业生产格局。其中，糖业、热带亚热带水果、外运菜、剑麻、橡胶、对虾、珍珠、深水网箱养殖等已发展成为全国重要的生产基地。

湛江立足资源禀赋、产业基础和生态环境等优势，盛产荔枝、龙眼、黄皮果、芒果、火龙果、菠萝、香蕉、红橙、波罗蜜等诸多热带水果，其中红橙、菠萝、波罗蜜、芒果、荔枝、香蕉、火龙果和青枣被称为“湛江八大名果”，逐步建成菠萝、芒果、红橙、青枣、火龙果、荔枝六大水果产业带，是著名的菠萝、香蕉、芒果、红橙之乡。

湛江也是全国海洋经济创新发展示范城市。海产资源丰富，其中经济鱼类 520 种、贝类 547 种、虾类 28 种，大型甲壳类 118 种、头足类 30 多种，海洋珍珠产量占全国的三分之二，对虾养殖产量约占全国的四分之一，拥有全国最大的金鲳鱼养殖基地，有“中国海鲜美食之都”“中国对虾之都”之称。

湛江是冬季种植北运蔬菜的发源地，始于 20 世纪 70 年代，历经 40 多年的发展，基本形成布局区域化、生产规模化、品种多样化、经营产业化的南菜北运生产基地。冬季蔬菜年种植面积、产量和产值均为全国南菜北运基地首位，28 个蔬菜品种通过绿色食品认证，15 个蔬菜品种通过无公害食品认证，形成了徐闻县、雷州市、遂溪县、廉江市 4 大县(市)为主要产区的区域化布局，徐闻以辣椒、茄子为主；

雷州以辣椒、苦瓜、南瓜为主，遂溪以辣椒、茄子、菜豆、黄瓜为主，廉江以辣椒、菜豆、茄子、番茄为主。湛江市冬季蔬菜主要销往华东、华中、华北、东北、西北以及广州、深圳等地，在东北三省的冬季蔬菜市场上，湛江市冬季蔬菜占有率达30%，个别种类高达50%。

7.2 现代农业与气象

农业的生产过程完全或基本上是在自然条件下进行的，气象条件不仅影响农作物的生长发育和生理活动过程，还影响各地的农业组成、布局和产量等。湛江有发展现代农业的良好自然基础，但因受低纬度热带天气系统和中高纬度天气系统的交替影响，导致天气、气候复杂多变，台风、暴雨、低温、冰雹、干旱频发，成为灾种多、频率高、危害重的灾害大市。因此，了解湛江农业气象灾害，对提高农业气象服务综合能力，避免因气象灾害而造成的农业损失至关重要(表7.1)。

(1)台风灾害。湛江4—12月都可能受台风影响，但主要集中在7—9月，台风灾害多发、频发、重发。台风所带来的狂风、暴雨和风暴潮，常常造成渔船损坏和翻沉、农田受淹、作物倒伏，改变影响区域的田间、池塘小环境，作物抗病力大幅度下降，各种病菌趁机入侵，导致病虫害流行蔓延。作物淹水，表面始终保持高湿状态，有利于病菌的传播蔓延，影响农作物的生长。有的台风甚至会引发海水倒灌，部分被淹农田因长时间受海水浸泡导致土壤中的含盐量升高，造成土地盐碱化，不利于农作物的生长，有的农田甚至被废耕。风暴潮对海水养殖造成极大破坏，鱼类在产卵期间若遇大风，对幼鱼孵化、成活和发育极为不利。6级以上大风可能会吹散鱼群，使之趋向外海深水区，给捕捞造成困难。但是在干旱少雨年份，台风所带来的降水能缓解或解除干旱。

(2)暴雨洪涝灾害。洪涝灾害一般由于长时间降水过多或区域性暴雨以及局地性强降水引起。在湛江，洪涝主要出现在4—10月，秋涝发生的频率较高，多为台风引起。洪涝常常造成大面积农田被淹、农作物被毁，使农作减产。洪水泛滥使鱼塘、虾塘等水源受到病菌、虫卵的污染，导致鱼虾等养殖水产品生长缓慢、病害频发。洪水还会冲垮鱼塘、虾塘，使鱼虾流失造成损失。

(3)干旱灾害。湛江虽然降水丰沛，但是时、空分布不均匀，降水主要集中在4—10月，春季、冬季降水偏少，春旱和冬旱频发。春旱往往造成缺水办田，早稻不能适时播种、插秧；春种作物缺苗断垄，影响作物后期的正常生长，延迟菠萝、红橙、荔枝等果树的发芽时间和降低发育势等；春旱会影响春植甘蔗下种及蔗芽萌发，幼苗得不到必要的水分而影响生长，甚至造成幼苗死亡；处于分叶和伸长期的秋冬种植甘蔗，就会影响其分叶数和减缓伸长速度。但对于土壤水分比较充足的低洼地，春旱温高光足，反而起到促进甘蔗分叶和幼苗生长的作用，对甘蔗高产有利。冬旱影响冬种作物播种、出苗及其生长发育。持续干旱无雨给湛江水产养殖业带来不同程度影响，养殖场水分蒸发快，水源缺乏，水产养殖补水越来越困难，增加了补水能源成本。另外，若补水的外源水质变差，鱼、虾、蟹的生长将受到一定程度的影响。干旱条件下病害容易发生，特别是防病治病用药不当，容易造成水产养殖生物缺氧，导致鱼类浮头、泛塘事故发生。另外，池塘水位过低会影响水草的生长，致虾蟹出现蜕壳不遂，南美白对虾应激反应现象等。干旱常伴随着高温，加上水分供应不足，农作物蒸腾作用减弱，果蔬皮层和果实表面因温度过高而“烧伤”。

(4)低温阴雨灾害。每年 12 月—次年 3 月，北方冷空气频繁南下与海上的暖湿气流相遇，湛江容易出现急剧降温或持续的低温阴雨天气，容易造成早稻烂秧，廉江、遂溪等地尤为严重。

(5)寒露风灾害。在每年“寒露”节气前后北方有较强冷空气南下影响时，湛江有可能出现导致水稻减产的寒露风灾害。水稻对低温有三个敏感时期：①幼穗分化期；②花粉母细胞减数分裂期；③抽穗开花期。在低温敏感时期若出现气温低于23 ℃，极端最低达 18 ℃以下的低温天气，则可能幼穗分化停止，花粉母细胞死亡，花粉粒不能正常发育。使晚稻抽不出穗，不能正常扬花授粉，结实率低，空秕率高。从而造成晚稻大面积减产失收。当寒露风遇上秋台风时，对晚稻的危害更加严重。

(6)低温霜冻灾害。霜冻是寒潮或剧烈的辐射降温，使土壤表面、植物表面和近地面空气层的温度骤降到 0 ℃以下，这种现象叫“霜冻”。空气中的水汽在温度降到 0 ℃以下，凝结在地面或近地面物体上的微细晶粒叫作“霜”。发生霜冻时可能有霜，也可能没有霜。霜冻对作物会造成严重危害。主要是因为温度降到 0 ℃以下，在植物细胞内或细胞的间隙中产生结冰，使植物细胞失水，盐分浓度升高，引起蛋白质沉淀和冰晶对细胞的挤压、伤害作物甚至造成死亡。在湛江，霜冻发生的概率极低，历史上只有廉江、遂溪出现过。

(7)冰雹灾害。湛江一年四季均可能出现冰雹，但主要集中在春季。大冰雹会打坏秧苗、果树。

7.3 现代农业气象灾害阈值指标与防御措施

7.3.1 现代农业气象灾害阈值指标

湛江是气象灾害多发区，尤其是近年来在全球变暖的背景下，极端气象灾害有增多的趋势，使农业结构、病虫及农业气象灾害发生规律发生了变化，因此如何减轻由极端气象灾害给农业造成的损失至关重要。农业气象灾害指标是评判灾害的标准，归纳和总结出湛江农业气象灾害阈值指标以及防御措施，为湛江合理利用农业气候资源、减少气象灾害造成损失提供科学依据(表 7.1)。

表 7.1　现代农业气象灾害阈值指标

气象灾害	阈值指标	风险等级	服务指南	防御措施
低温连阴雨	连续 3 d 以上日平均气温≤12℃。	Ⅰ（红色）	(1)发布低温连阴雨服务专报：包括低温连阴雨出现(结束)时间、持续时间、过程最低气温、过程最高气温、降雨量等信息； (2)密切关注低温连阴雨动态，及时发出订正专报； (3)提醒种植企业采取防御措施以及选择适合的种植“窗口期”。	(1)选好安全播种期，减少春种、春播烂秧。根据各地无烂秧天气保证率 80%的结束期，结合当时的天气预报，抓住“冷头浸种、冷中催芽、冷尾播种”，可有效降低春播烂秧。 (2)推广室内育秧和抛秧移栽技术，完成可能摆脱“春播育秧”受制于低温阴雨的被动局面。 (3)藏物仓库切实做好密封防潮；人畜要关注天气冷、暖变化，卫生机构要防范病菌、病毒漫延。
干旱	春旱和夏旱：连续 15 d 以上雨量＜20 mm； 秋旱和冬旱：连续 10 d 以上雨量＜40 mm。	Ⅰ（红色）	(1)发布干旱服务专报：包括干旱出现(结束)时间、持续时间、日照、过程最高气温、降雨量等信息； (2)密切关注干旱动态，及时发出订正专报； (3)提醒种植企业采取抗旱措施以及选择适合的种植“窗口期”。	(1)因地制宜地实行农业和畜牧业相结合的生态农业结构，林草有涵养水源，控制水土过分流失和改善干旱地区农业生态环境的功能，有利于降低干旱对当地农业的影响和威胁，降低农业生产损失。 (2)注重农作物种类和种子质量的选择，要选用抗旱性能强、产量高的农作物。 (3)根据种植农作物的种类、生长周期、发育特点、需水的关键时期和用水量的大小，把水用在作物生长的关键时期，将过去的传统漫灌方式转变为管道内灌溉、喷灌、滴灌和渗灌等方式。
洪涝	连续 3 d 雨量≥200 mm 或连续 12 h 雨量≥100 mm。	Ⅰ（红色）	(1)发布洪涝服务专报：包括强降雨出现(结束)时间、持续时间、降雨量等信息； (2)密切关注强降雨动态，及时发出订正专报； (3)提醒种植企业采取防御措施以及成熟作物(鱼虾蟹等)抢收。	(1)洪涝出现后，要及时组织排洪抢险，尽量减少冲淹面积和被渍时间。暴雨洪水退后，冲倒的作物要及时扶植，缺株及时补苗，冲入农田的碎石泥沙要清除，并注意防止病害发生。 (2)旱地作物若表土被冲刷，根系外露时要客土补充，并及时中耕，改善土壤通气状况。无论水、旱作物，在遭受洪涝后都要及时追肥，特别是增施钾肥，促进根系生长。

续表

气象灾害	阈值指标	风险等级	服务指南	防御措施
台风	风力≥8 级	Ⅰ（红色）	(1)发布台风服务专报：包括台风的位置信息、影响时间、持续时间、大风风力、降雨量等预报信息； (2)密切关注台风动态，及时发出订正专报； (3)提醒种植、养殖企业采取防御措施，及时抢收成熟作物和水产品(鱼虾蟹等)。	(1)加固大棚、养殖场、棚架等临时搭建物，妥善安置室外搁置物和悬挂物。 (2)选择具有抗风性能强、根系强大的品种，实施植树造林工程，改善农业生态环境条件，这是抗风、防风、降低风速、增加空气湿度，避免或减轻大风灾害的重要措施。 (3)注意大风的天气预报，在大风之前不要灌水，避免植株倒伏，作物成熟后要及时收割，可以有效避免或减轻大风带来的损失。 (4)海水养殖、海上作业人员应当适时撤离，船舶应当及时回港避风或者采取其他避风措施。
冰雹	冰雹直径一般在≥5 mm。	Ⅰ（红色）	(1)“重点行业气象服务系统”发出风险预警信息； (2)提醒种植企业注意防御冰雹造成的安全事故，并及时采取缓解作物受害措施。	(1)使用过量播撒催化剂法和爆炸影响冰雹云法(见公共气象)。降雹天气人畜要进入牢固遮篷体内躲避。 (2)作物遭雹灾除机械损伤外，同时还遭受冻害以及地面板结等间接危害。降雹时冰雹随下随化，地面温度骤降，作物遭受冻害。所以灌水能尽快溶解植物体表冰水和缓和急剧降温，起到护株保苗的作用。
霜冻	日最低气温≤0℃。	Ⅰ（红色）	(1)发布低温霜冻服务专报：包括低温出现(结束)时间、持续时间、过程最低气温、过程最高气温等信息； (2)密切关注霜冻动态，及时发出订正专报； (3)提醒种植企业采取防御措施。	(1)在霜冻发生的前一天灌水，保湿效果很好。灌水后的作物叶面温度比不灌水的提高 1～2 ℃。 (2)在风停、晴空、霜冻将要出现之前浇水。浇水地面温度比不浇水的高出 2～3 ℃。另外，在霜冻出现后，太阳出来之前及时浇水“洗霜”。可减轻作物受灾。 (3)人工制造烟雾来抗御霜冻。一般熏烟能提高 0.5～2.0 ℃。可防止植株细胞水结冰引起的伤害。

续表

气象灾害	阈值指标	风险等级	服务指南	防御措施
寒露风	9月下旬至10月中旬，连续3 d以上日平均气温≤23 ℃。	Ⅰ（红色）	(1)发布寒露风服务专报：包括寒露风出现（结束）时间、持续时间、过程最低气温、过程最高气温等信息； (2)密切关注低温动态，及时发出订正专报； (3)提醒种植企业采取适当防御措施。	(1)掌握寒露风出现规律和安全齐穗期，合理搭配早、迟熟品种并选好适宜播插期，可使大面积晚稻抽穗扬花期在10月上旬前，湛江地区80%的晚稻能够有效避过寒露风。 (2)增湿增肥减轻危害。当寒露风来临时，田间实行灌长流水和向植株喷水或喷施根外肥料（如磷、钾肥）等，可使田间温度高出1～2 ℃，株间相对湿度加大30个百分点左右，叶面可直接吸收部分养分，从而有效改善农田小气候，增强植株的抗寒抗风能力，可大幅度减轻寒露风的危害。 (3)喷洒化学保温剂，抑制叶面水分蒸发，减少散热，也可减轻寒露风的危害。

7.3.2 对虾养殖气象灾害风险阈值指标

湛江是全国海洋经济创新发展示范城市，对虾养殖产量约占全国的四分之一，拥有“中国对虾之都”之称。对虾养殖过程中会受多种因素影响，如虾苗质量、气象条件、病虫害、水体环境、生产管理等，但天气因素是其中较为重要的一环。通过文献查阅、经验统计、调研分析可知，对虾生长的水温25～32 ℃最佳，在此最佳水温区间内对虾摄食量会随温度（水温）升高而升高，有利对虾生长，但水温高过一定临界值（32 ℃）摄食量会有所下降，同时多余饵料分解会污染水质，影响对虾生长，特别当长时间维持高水温时，对虾易病，对日常管理工作造成极大考验，增大养殖难度，提高养殖成本，造成严重经济损失；而当水温低于20 ℃时，对虾养殖时须重点关注低（水）温寒害的影响（表7.2）。

表7.2 对虾养殖气象灾害风险阈值指标

气象灾害	阈值指标	风险等级	服务指南	防御措施
高温	连续3 d及以上高温导致水温超过32 ℃。	Ⅰ（红色）	(1)发布高温服务专报：包括高温出现（结束）时间、持续时间、过程最低气温、过程最高气温等信息；	(1)适当降低6—8月养殖密度，对于虾苗质量进行严格检测。 (2)做好养殖水体消毒、检测等工作，必要时可增加监测频率。

续表

气象灾害	阈值指标	风险等级	服务指南	防御措施
高温			(2)密切关注高温动态,及时发出订正专报; (3)提醒水产养殖企业采取防御措施。	(3)关注天气情况,做好夏季日常养殖管理工作:加大对虾塘内日换水量,适当加深水位,加开增氧机,严格控制饵料用量,采用多餐少食的投喂方式等。
低温	连续 2 d 及以上低温导致水温低于 20 ℃。	Ⅰ (红色)	(1)发布低温服务专报:包括低温出现(结束)时间、持续时间、过程最低气温、过程最高气温等信息; (2)密切关注低温动态,及时发出订正专报; (3)提醒水产养殖企业采取防御措施。	(1)安排好全年对虾养殖时间,必要时冬季可暂停新苗投放。 (2)关注天气预报及气候预测情况,提前做好冬棚搭建等工作。 (3)冷空气来临前,提前加深水位,控制养殖水体温度。同时严格控制饵料用量,可视情况停料。
暴雨	日降水量≥50 mm,或降水过程变化剧烈(降水量日较差≥50 mm)。	Ⅰ (红色)	(1)“重点行业气象服务系统”发出风险预警信息; (2)提醒水产养殖企业注意防御暴雨造成的安全事故,并及时采取缓解作物受害措施。	(1)养殖场选址前多考虑该地区降水时空变化特征,远离低洼地带,加修排水管道。 (2)强降水时停饵料、停药,加开增氧机。 (3)强降水时远离山体滑坡、低洼水淹、潮湿漏电的危险地带,确保人身安全情况下,做好巡塘。 (4)提前检查养殖设施,给低洼池塘、排水口加架拦护网,降低水位,防止鱼虾逃逸;疏通水道,防止突发事故
台风	风力≥8 级	Ⅰ (红色)	(1)发布台风服务专报:包括台风的位置信息、影响时间、持续时间、大风风力、降雨量等预报信息; (2)密切关注台风动态,及时发出订正专报; (3)提醒水产养殖企业采取防御措施,及时抢收成熟鱼虾蟹等。	(1)台风带来的暴雨影响,请参照暴雨风险建议。 (2)台风带来的风浪影响,易造成对虾逃逸,应及时捕捞出塘。

7.4 现代农业周年气象服务方案

为做好农业灾害性、关键性、转折性天气预报、预警服务，保障粮食安全，助力全面推进乡村振兴，更好地发挥气象在“三农”服务中的作用，根据湛江气候及气象灾害特点，制定现代农业周年气象服务方案（表 7.3）。

表 7.3 现代农业周年服务方案

月份	重点关注	主要农事活动	服务产品	服务方式
1月	影响天气：强冷空气，冬旱； 农业气象灾害：干旱，霜冻（北部），低温连阴雨，低温。	甘蔗砍运；红橙、香蕉、荔枝、龙眼、芒果等果树促花控冬梢；冬季瓜菜田间管理、早春蔬菜、瓜果育苗。鱼虾等水产养殖池塘管理，防治病害；青枣采收。	定期：农业气象服务专报； 不定期：重大气象信息专报、农业病虫害气象服务。	“湛江天气”微信、微博公众号、传真、邮件、短信。
2月	影响天气：强冷空气，冬旱； 农业气象灾害：干旱，霜冻（北部），低温连阴雨，低温。	甘蔗砍运；早稻备种、备肥、整地；春植蔗种植及管理；蔬菜、薯类管理；红橙、荔枝、龙眼、香蕉、芒果等果树促花壮花；瓜果育苗、整地。鱼虾等水产养殖池塘管理，防治病害；青枣采收。	定期：农业气象服务专报； 不定期：重大气象信息专报、农业病虫害气象服务。	“湛江天气”微信、微博公众号、传真、邮件、短信。
3月	影响天气：冷空气，春旱，短时强降水、冰雹、雷雨大风等强对流天气； 农业气象灾害：干旱，低温连阴雨，冰雹，大风，倒春寒。	早稻播种育秧，部分稻田移栽，春玉米、春花生、大豆等播种；红橙、荔枝、龙眼、香蕉、芒果等果树壮花、果园管理及防病虫；红橙幼苗摘春梢。下旬虾苗投放；青枣采收。	定期：农业气象服务专报； 不定期：重大气象信息专报、农业病虫害气象服务。	“湛江天气”微信、微博公众号、传真、邮件、短信。
4月	影响天气：冷空气，春旱，短时强降水、冰雹、大风等强对流天气； 农业气象灾害：干旱，冰雹，大风，洪涝。	早稻栽秧、抛秧，除草等；春玉米、春植蔗、春花生、春大豆、蔬菜等田间管理；红橙、荔枝、龙眼、芒果、香蕉等促果防病虫；虾苗投放、幼虾苗补投；菠萝采收。	定期：农业气象服务专报、春耕春播气象服务专报； 不定期：重大气象信息专报、农业病虫害气象服务。	“湛江天气”微信、微博公众号、传真、邮件、短信。

续表

月份	重点关注	主要农事活动	服务产品	服务方式
5 月	影响天气：春旱，短时强降水、冰雹、雷雨大风等强对流天气，台风，暴雨； 农业气象灾害：干旱，冰雹，雷雨大风，洪涝，台风，暴雨，高温。	稻田、甘蔗花生、玉米、蔬菜等田间管理、病虫害防治、防旱排涝；红橙、荔枝、龙眼、芒果等保果、减少落果，部分早熟荔枝成熟采收；菠萝、香蕉采收；红橙幼苗摘夏梢；部分成虾捕捞后适时投放幼虾，防治病虫害，防止蓝藻滋生蔓延。	定期：农业气象服务专报； 不定期：重大气象信息专报、农业病虫害气象服务。	“湛江天气”微信、微博公众号、传真、邮件、短信。
6 月	影响天气：夏旱，短时强降水、冰雹、雷雨大风等强对流天气，台风，暴雨； 农业气象灾害：干旱，冰雹，雷雨大风，洪涝，台风，暴雨，高温。	早稻收晒；蔗田、玉米、花生水肥田间管理、防除杂草、早施攻茎肥和大培土、防治虫害、防旱排涝；红橙、龙眼等保果、减少落果；荔枝、香蕉、芒果、波罗蜜等采收；幼虾防治病虫害。	定期：农业气象服务专报； 不定期：重大气象信息专报、农业病虫害气象服务。	“湛江天气”微信、微博公众号、传真、邮件、短信。
7 月	影响天气：夏旱，短时强降水、冰雹、雷雨大风等强对流天气，台风，暴雨； 农业气象灾害：干旱，冰雹，雷雨大风，洪涝，台风，暴雨，高温。	早稻收晒；晚稻播种育秧；甘蔗防治虫害、防旱排涝；芒果、波罗蜜、龙眼等采收；幼虾防治病虫害；红橙保果、减少落果、红橙幼苗摘早秋梢；成虾防治病虫害。	定期：农业气象服务专报； 不定期：重大气象信息专报、农业病虫害气象服务。	“湛江天气”微信、微博公众号、传真、邮件、短信。
8 月	影响天气：短时强降水、冰雹、雷雨大风等强对流天气，台风，暴雨； 农业气象灾害：干旱，冰雹，雷雨大风，洪涝，台风，高温。	晚稻、蔗田除草除虫等田间管理、防旱排涝；龙眼、芒果等成熟采收；荔枝秋梢生长；红橙保果、减少落果、红橙幼苗摘迟秋梢；成虾捕捞。	定期：农业气象服务专报； 不定期：重大气象信息专报、农业病虫害气象服务。	“湛江天气”微信、微博公众号、传真、邮件、短信。
9 月	影响天气：短时强降水、冰雹、雷雨大风等强对流天气，台风，暴雨； 农业气象灾害：干旱，冰雹，雷雨大风，洪涝，台风，高温。	晚稻、蔗田除草除虫等田间管理、防旱排涝；荔枝、龙眼等壮梢壮果；红橙保果、减少落果；成虾捕捞。	定期：农业气象服务专报、秋收秋种气象服务专报； 不定期：重大气象信息专报、农业病虫害气象服务。	“湛江天气”微信、微博公众号、传真、邮件、短信。

续表

月份	重点关注	主要农事活动	服务产品	服务方式
10 月	影响天气：冷空气，秋旱，台风，暴雨； 农业气象灾害：干旱，雷雨大风，洪涝，台风，寒露风。	晚稻、蔗田除草除虫等田间管理、防旱排涝；荔枝、龙眼、芒果等壮果；香蕉、红橙、橙等成熟采收；玉米、大豆、花生等成熟收获；虾苗孵化期。	定期：农业气象服务专报、秋收秋种气象服务专报； 不定期：重大气象信息专报、农业病虫害气象服务。	“湛江天气”微信、微博公众号、传真、邮件、短信。
11 月	影响天气：冷空气，秋旱，暴雨； 农业气象灾害：干旱。	晚稻收晒；宿根蔗砍收、冬植蔗种植；香蕉、红橙、橙、大豆、花生、玉米等成熟采收；冬季蔬菜种植；荔枝、龙眼、芒果等壮果；虾苗培育期。	定期：农业气象服务专报、秋收秋种气象服务专报； 不定期：重大气象信息专报、农业病虫害气象服务。	“湛江天气”微信、微博公众号、传真、邮件、短信。
12 月	影响天气：强冷空气，冬旱，暴雨； 农业气象灾害：干旱，霜冻（北部），低温连阴雨，低温。	甘蔗砍收；荔枝、龙眼控冬梢；田间管理、病虫害防治；冬季温室蔬菜防病虫、换气排湿。	定期：农业气象服务专报； 不定期：重大气象信息专报、农业病虫害气象服务。	“湛江天气”微信、微博公众号、传真、邮件、短信。

参考文献

《广东省天气预报技术手册》编写组，2006. 广东省天气预报技术手册[M]. 北京：气象出版社.

广东省人民政府办公厅网，2020. 广东省人民政府关于印发广东省沿海经济带综合发展规划（2017—2030 年）的通知[EB/OL]. http://www.gd.gov.cn/gkmlpt/content/0/146/post_146463.html?jump=false#7.

李剑兵，黄盛经，莫小华，1994. 湛江冬春对虾养殖的气象条件分析[J]. 广东气象(4):30-31.

杨晓光，李茂松，霍治国，等，2010. 农业气象灾害及其减灾技术[M]. 北京：化学工业出版社.

《湛江市年鉴》编纂委员会，2017. 湛江年鉴(2017)[M]. 广州：广东人民出版社.

《湛江市年鉴》编纂委员会，2021. 湛江年鉴(2021)[M]. 郑州：中州古籍出版社.

湛江市人民政府地方志办公室，2017. 湛江大事记(2001—2017)[Z].

张羽，2021. 广东省气候资源及其合理开发利用[M]. 北京：气象出版社.

中国气象局办公室，中国气象局气象宣传与科普中心，中国工程院环境与轻纺工程学部，2015. 气象防灾减灾科普手册[M]. 北京：气象出版社.

第8章

湛江重点行业气象服务系统

重点行业气象服务有两种方式：传统的人工气象服务方式和智慧气象信息服务方式。人工气象服务方式主要是预报业务人员密切跟踪天气变化，及时通过微信、短信、电子邮件、传真、电话等渠道向企业用户发布预报、预警信息；人工气象服务的优点是服务手段灵活、准确率较高；人工气象服务的缺点是服务效率较低，需要充足的人力资源，如果企业用户众多，预报业务人员就有可能忙不过来，容易造成漏报。人工气象服务质量与预报业务人员的技术经验有很大关系，不确定的预报、预警会增加。智慧气象信息服务方式主要是气象业务系统根据企业用户对灾害天气的敏感性预设灾害天气阈值指标和企业用户的需求清单，自动向企业用户推送预报、预警信息。智慧气象信息服务的优点是效率高，节省大量人力资源，可以同时服务众多企业用户。智慧气象信息服务的缺点是由于算法或阈值指标的局限，采用“宁空勿漏”的处理策略，可能空报会偏多。日常业务服务的做法是采用这两种服务方式优势互补，根据企业用户的需求优化服务方案，提高服务效果。

湛江重点行业气象服务系统（简称：气象服务系统，见图 8.1）是实现“智慧气象信息服务”的平台，通过大数据计算，融合了降雨、气压、风向、风速、气温等实时气象要素资料以及雷达探测资料和卫星遥感资料，针对企业定点提供精细化的气象预报信息和灾害天气预警信息，并实现灾害天气预警与企业的应急预案无缝对接。

8.1 气象服务系统功能概述

湛江是人口大市、农业大市、海洋大市、广东省定位的省域副中心城市、沿海经济带重要发展极，近年先后落地了湛江钢铁、中科炼化、巴斯夫等一批大型现代化企业，对气象服务提出了更及时、更精准、更精细的要求。随着气象服务企业数量增多和个性化气象服务需求增多，传统的气象预报服务已经无法满足现实的需求。气象服务系统是为企业用户提供定制化气象服务的良好载体，系统化管理服务对象、信息化建立服务流程、可配置化设定服务需求、规范化提供服务产品，统一后台管理，实现同时为多用户提供个性化行业气象服务。

中华人民共和国国家版权局

计算机软件著作权登记证书

证书号：软著登字第10133596号

软件名称：湛江市重点行业气象服务系统 V1.0

著作权人：陈荣；吴德平；毛海波；钟谢非；符靖茹

开发完成日期：2022年03月20日

首次发表日期：2022年04月20日

权利取得方式：原始取得

权利范围：全部权利

登记号：2022SR1179397

根据《计算机软件保护条例》和《计算机软件著作权登记办法》的规定，经中国版权保护中心审核，对以上事项予以登记。

中华人民共和国国家版权局 计算机软件著作权登记专用章

No. 11408756

2022年08月18日

图 8.1　湛江市重点行业气象服务系统著作权登记证

8.1.1　气象服务系统框架

气象服务系统采用分布式架构，包括气象内网建设和公众网络建设两部分(图 8.2)。气象内网建设为气象服务管理平台，是专业气象服务人员专用平台，主要部署数据处理、任务流程管理、消息推送、服务质量管理等模块；公众网络建设为企业气象服务平台，是企业用户获取气象服务产品的客户端，主要部署行业气象服务网页，包括电脑桌面 Web 版和手机微信 Web 版。

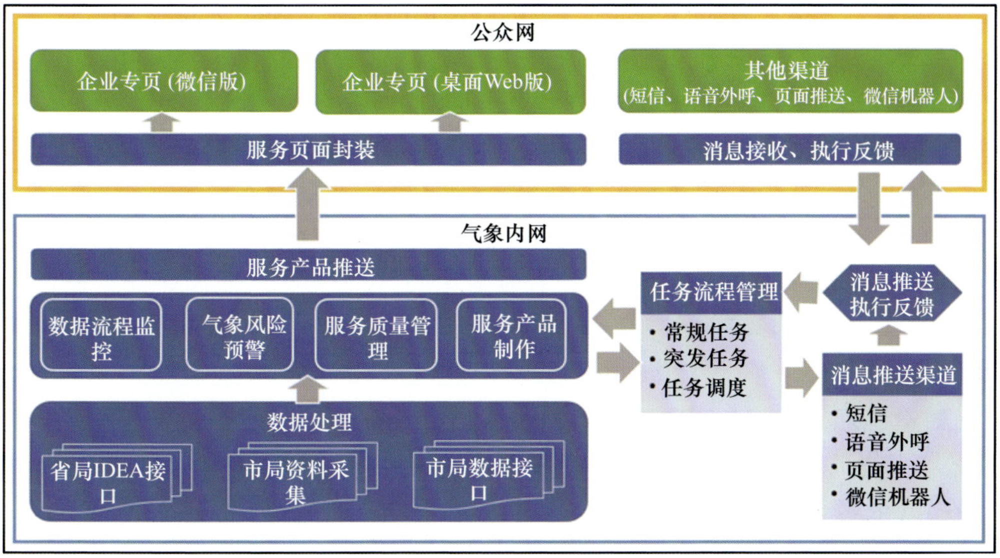

图 8.2　气象服务系统框架

气象服务系统软件架构采用标准的 J2EE 企业级规范搭建,支持多层体系结构的应用。架构核心层分为 Web 层、业务逻辑层、数据访问层、数据存储层;对外支持信息同步并提供数据服务,其中 Web 层使用 HTML5 技术,并遵循当前主流的 MVVM 实现前后端分离。

8.1.2　气象服务系统功能特点

气象服务系统通过大数据计算,融合了降雨、气压、风向、风速、气温等实时气象要素资料以及雷达探测资料和卫星遥感资料,针对企业用户提供定点的精细化气象预报信息和灾害天气预警信息。气象预报、预警信息做到"实时、精准、智慧"(图 8.3)。

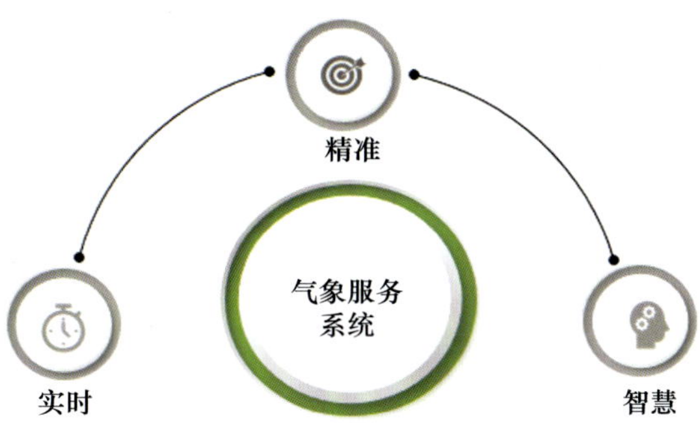

图 8.3　气象服务系统特点示意

8.1.2.1 实时性

气象服务系统在数据、文件、图片等资料的传输保证实时性：自动气象站实测数据（气温、降雨、风向、风速、气压等）无延时到达用户桌面；雷达回波图无延时到达用户桌面；雷击（电场）数据分钟级（或秒级）到达用户桌面。

8.1.2.2 精准性

气象服务系统以企业用户所在地进行坐标定位，针对企业用户靶向发布灾害天气预报预警信息；综合判断自动气象站实测数据、雷达回波强度、QBF 预测数据，预警信息准确率高；距离精准，以企业所在地为中心，用色圈代表距离便于直观判断，雷击、降雨的位置误差小于 1000 m。

8.1.2.3 智慧性

气象服务系统针对企业用户能够真正实现“一企一策”服务。按照企业用户对灾害天气敏感性定制的阈值指标，主动推送台风、暴雨、雷雨大风、高温、雷电等灾害天气风险预警信息，无须人工干预；注册绑定的微信、短信或报警器自动提示企业用户气象灾害风险预警信息，并提醒启动相应的应急预案，实现预警信息与应急预案无缝对接；企业用户可以根据自身的需求清单，定制气象服务模块。

8.1.3 气象服务系统数据采集

气象服务系统数据采集处理是负责从气象局内网各个数据源采集各类气象资料，解码后保存在本地缓存数据库中，并通过数据同步渠道将用于气象服务的实况数据同步传输到外网服务器。气象服务系统通过公众互联网为企业用户提供气象服务产品，将气象服务产品从气象内网推送到公众互联网服务器（云服务器），采用镜像文件同步和库表同步的方式实现数据文件与数据库表的实时同步。

国家级气象站数据采集：从广东省气象局 IDEA 接口获取本地国家级气象站的实时监测数据，包括气温、降水、平均风、最大风、相对湿度、气压、能见度等，保存到缓存数据库中。

区域自动气象站数据采集：从广东省气象局 IDEA 接口获取本地区域自动气象站的实时监测数据，包括气温、降水、平均风、最大风、能见度等，保存到缓存数据库中。

雷达产品采集：从广东省气象局 IDEA 接口获取广东全省的雷达组合反射率产品，保存到缓存数据库中。

QPE/QPF 数据采集：从广东省气象局 IDEA 接口获取本地范围的定量降水估测和定量降水预报产品，保存到缓存数据库中。

预警信号数据采集：从广东省气象局 IDEA 接口获取本地发布的预警信号，包括暴雨、雷雨大风、台风、冰雹、高温、寒冷、森林火险、大雾等，保存到缓存数据库中。

GIFT 格点预报数据采集：从广东省气象局 IDEA 接口获取本地区域范围网格点预报订正产品，保存到缓存数据库中。

台风数据采集：从广东省气象局IDEA接口获取中央气象台、广东省气象台发布的台风实况和预报信息，包括台风位置、强度、中心最低气压、移动速度、移动方向、6级风圈半径、7级风圈半径、8级风圈半径、10级风圈半径、24 h预报、48 h预报，72 h预报等，保存到缓存数据库中。

卫星遥感数据采集：从广东省气象局专用服务器上采集风云2G卫星的遥感产品，保存到缓存数据库中。

8.1.4 系统软件硬件配置

8.1.4.1 系统开发环境

操作系统：Windows；

开发语言：Java、Python、HTML5；

开发平台：Eclipse、VSCode。

8.1.4.2 系统软件环境

气象服务系统软件环境采用国际主流开源软件(表8.1)。

表8.1 气象服务系统软件环境

序号	系统名称	版本	用途	数量	单位
1	操作系统 Linux Centos	7.0	承载业务应用、业务后台	1	套
2	数据库 MySQL	8.0	核心业务数据库，包括用户基础信息、管理类应用的业务数据等	1	套
3	中间件 Tomcat	8.5.X	应用中间件，承载主要业务应用	1	套

8.1.4.3 气象服务系统硬件环境

气象服务系统硬件底层由Web应用服务器、业务后台服务器与数据专用服务器组成，设计各服务器均采用虚拟化方案(表8.2)。WEB应用服务器作为业务逻辑层负责主要的业务逻辑处理、用户请求的连接处理、数据库端或其他应用系统的连接处理以及实现业务处理过程。业务后台服务器用于数据采集、加工、图形化、GIS系统业务处理，存储本地化资料、结构化数据、数据缓存文件等。

表8.2 气象服务系统硬件环境

序号	服务器名称	配置参数	数量	备注
1	8核16G业务后台服务器	8核CPU，16 GB内存，500 GB系统盘，Linux CentOS 7.6(64位)操作系统	1	运行Web业务应用系统
2	4核16G Web应用服务器	4核CPU，16 GB内存，300 GB系统盘，Linux CentOS 7.6(64位)操作系统	1	业务系统后台，渠道接口对接

续表

序号	服务器名称	配置参数	数量	备注
3	8 核 32G Web 数据服务器	8 核 CPU，32 GB 内存，1 TB 系统盘，Linux CentOS 7.6(64 位)操作系统	1	数据支撑服务器，数据库、图形化、GIS 系统

8.2 气象服务管理平台

气象服务管理平台是预报业务人员专用平台，包括任务流程管理、企业服务对象管理、服务产品制作管理、专项服务配置、气象要素阈值指标设定、气象风险预警管理、预警信息推送管理、服务质量管理、预报质量监控等功能模块(图 8.4)。

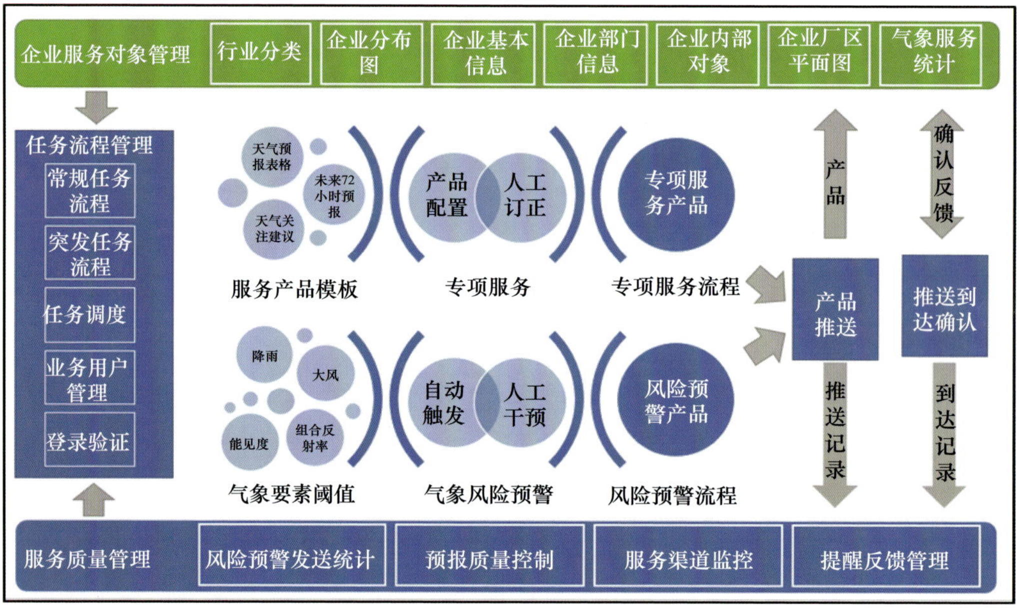

图 8.4　气象服务管理平台功能结构

8.2.1 任务流程管理

8.2.1.1 业务用户管理

气象服务管理平台提供超级管理员用户，超级管理员权限包括：可修改个人信息，可新增、修改、删除业务用户。

用户密码采用 MD5 加密存储，所有用户都不能查看密码，用户只能修改个人账号密码，超级管理员具有重置密码权限。

8.2.1.2 登录验证

气象服务管理平台需要登录后使用，提供登录页面通过用户名、密码进行登录验证。登录数据采用 HTTP 协议传输，密码由浏览器端加密后传输。

8.2.1.3 常规任务流程

常规任务流程对不同任务、不同岗位有相应的任务清单列表；在值班员完成每项任务后，点击“确认”后即可记录完成任务时间、状态。

气象服务管理平台提供操作窗口和任务窗口，选择任务清单时，在操作窗口中有相应的操作功能界面、操作提示等，帮助使用者完成编辑、分发等功能。

8.2.1.4 突发任务流程

突发业务流程可以由气象服务管理平台根据当前天气实况阈值指标、预警信号发布、服务质量监控结果等自动触发，也可由值班人员手动触发。触发突发流程后，将自动在现有工作任务流程中插入突发流程，并基于统一的流程管理实现状态管理。

8.2.2 企业服务对象管理

8.2.2.1 行业分类

根据定制气象服务的企业所属行业进行分类，行业分类可灵活编辑、新增、修改、删除。同一类行业下可包含多个企业。

同一类行业可以设置统一的气象灾害阈值指标，行业内的企业也可以根据各自需求设置不同的气象灾害阈值指标。气象服务管理平台根据优先级自动判断阈值指标触发和消息推送。

8.2.2.2 企业分布图

基于 WebGIS，在地图上标注所有定制气象服务的企业；有企业厂区平面图的，在地图上叠加显示厂区平面图；相同行业的不同企业使用相近配色或标记。

8.2.2.3 企业基本信息

建立企业基本信息档案，包括企业名称、需要气象服务的厂区（含分厂区）基本情况、对气象要素的敏感性等。

建立企业服务标签，如高温敏感、雷电敏感、大风敏感、沿岸码头等。

8.2.2.4 企业部门信息

企业可以增加、删除、修改、查询企业下属部门；配置部门名称、部门地址（经、纬度）、生产作业时间；可指定部门气象风险责任人。

8.2.2.5 企业人员基本信息

企业人员基本信息包括姓名、职位、联系电话、微信 ID。

微信 ID 验证，微信 ID 与企业版微信访问入口关联，企业用户通过微信访问，会读取用户微信 ID 并与企业人员基本信息中的微信 ID 匹配，只有匹配的微信 ID 用户才有权访问企业气象服务平台手机微信 Web 版。

8.2.2.6 企业内部服务对象

企业内部服务对象包括：企业员工、企业设备、厂内区域等（表 8.3）。每个企业可包含多个服务对象，可以灵活增加、修改、删除。

表 8.3 某企业内部服务对象分类表

编号	服务对象	类型	分组
1	卸装机 001	企业设备	A 区卸装机组
2	卸装机 002	企业设备	B 区卸装机组
3	仓库 001	厂内区域	仓库
4	仓库 002	厂内区域	仓库

气象条件阈值管理，每个企业可设置基础气象条件阈值，企业包含的每个服务对象可单独设置气象条件阈值和等级，也可以不设置任何阈值。缺失气象条件阈值的服务对象默认使用企业的基础气象条件阈值。

气象条件阈值可以包含多个等级，每个等级包括的主要字段有：气象要素（风速、雨量、能见度），气象要素值，超前提醒小时数，触发应急预案（表 8.4）。

表 8.4 某厂区对大风敏感的气象灾害阈值指标配置

阈值等级	气象要素	气象要素值	超前提醒	触发应急预案
黄色	风力	≥8 级	24 h	预案 A1
橙色	风力	≥10 级	12 h	预案 A2
红色	风力	≥12 级	12 h	预案 A3

8.2.2.7 企业厂区平面图

为便于企业决策用户对风险预警的全局有清楚的把控，可根据实际情况提供企业平面图，经加工处理后可叠加到地图上或单独显示。气象要素和风险预警提示可以基于地理信息或相对定位在平面图上显示。

8.2.2.8 风险预警发送统计

风险预警发送统计提供气象服务过程日志记录，可以对所有行业、企业分类或合并统计。统计全年的短信、微信、语音外呼等渠道的发送次数。单独统计强降水、大风等风险预警信息的发送次数。

8.2.3 服务产品制作管理

8.2.3.1 气象服务工作区配置

针对不同企业对气象服务的差异化需求，气象服务管理平台对每个企业建立单独的气象服务工作区，预报业务人员可在该工作区内完成所有气象服务的人工干预工作，在独立的工作区内编辑、订正为企业提供的所有服务产品。

工作区内的气象服务产品采用交互式编辑、所见即所得的方式。工作区的气象服务产品编辑完成后，自动更新任务状态、自动调用分发渠道推送服务产品。自动轮询渠道推送结果，并更新任务分发状态。

8.2.3.2 天气预报表格

读取 GIFT 数据接口，基于逐小时温度、能见度、*U*/*V* 风、雨量数据；处理加工出天气现象、气温范围、能见度范围、风速风向、雨量级别、降雨时段数据，生成未来 3 d 预报表格。

预报业务人员可以根据自动生成表格的内容，在线编辑调整表格内容。

8.2.3.3 未来 72 h 风速风向图

根据服务企业用户的经、纬度信息，读取所在网格点的未来 72 h *U*/*V* 风，将 *U*/*V* 风场转换为风速、风向数据。风速、风向数据有以下两种存储方式：

将风速、风向曲线存储为 JSON 数据格式，用于专项服务页面前端展示；将风速、风向曲线存储为曲线图，并生成图片，用于企业专项服务。

8.2.3.4 未来 72 h 能见度

根据服务企业用户的经、纬度信息，读取所在网格点未来 72 h 的能见度，能见度数据有以下两种存储方式：

将能见度曲线存储为 JSON 数据格式，用于专项服务页面前端展示；将能见度曲线存储为曲线图并生成图片，用于企业用户专项服务。

8.2.3.5 未来 72 h 雨量

根据服务企业用户的经、纬度信息，读取所在网格点未来 72 h 的小时雨量，小时雨量数据有以下两种存储方式：

将小时雨量曲线存储为 JSON 数据格式，用于专项服务页面前端展示；将小时雨量曲线存储为曲线图并生成图片，用于企业用户专项服务。

8.2.3.6 天气关注建议

预报员根据天气情况的综合判断，为企业提供当前或未来气象灾害防御的综合提醒。保留最近关注建议记录，预报员可以快速查看调用。建立关注建议模板，预报员可快速选择常用的关注建议模板。

8.2.4 气象风险预警管理

8.2.4.1 定制化配置

气象风险预警阈值指标的配置，基于服务企业的需求、气象要素敏感性进行配置，可定制化配置的气象要素包括降雨量、气温、风速、雷达回波强度、能见度、电场强度等(图 8.5)。

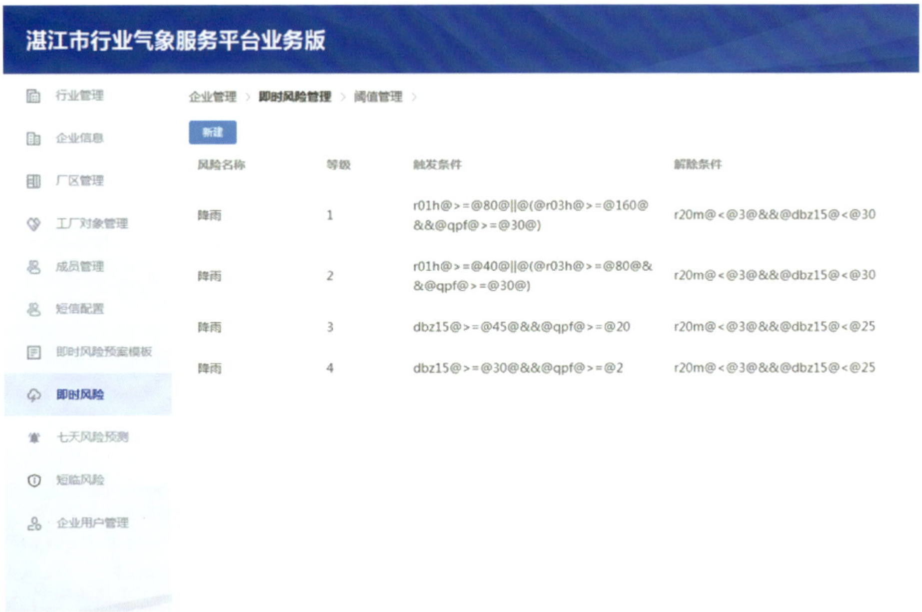

图 8.5 某企业的强降雨风险阈值指标配置

8.2.4.2 强降雨阈值指标配置

根据服务企业用户所在位置,就近选择自动气象站雨量数据、实时雷达回波强度数据、雷达 QBF 数据,分四个风险等级设定降雨阈值指标,为企业用户提供定制化的强降雨风险预警服务。四个等级风险分别为:Ⅳ级风险,色标为“蓝色”,表示注意风险;Ⅲ级风险,色标为“黄色”,表示一般风险;Ⅱ级风险,色标为“橙色”,表示较大风险;Ⅰ级风险,色标为“红色”,表示严重风险。

8.2.4.3 大风阈值指标配置

根据服务企业用户所在位置,就近选择自动气象站风速数据、实时雷达回波强度数据,分四个等级风险设定大风阈值指标,为企业用户提供定制化的大风风险预警服务。四个等级风险分别为:Ⅳ级风险,色标为“蓝色”,表示注意风险;Ⅲ级风险,色标为“黄色”,表示一般风险;Ⅱ级风险,色标为“橙色”,表示较大风险;Ⅰ级风险,色标为“红色”,表示严重风险。

8.2.4.4 高温阈值指标配置

根据服务企业用户所在位置,就近选择自动气象站气温数据,分三个等级风险设定高温阈值指标,为企业用户提供定制化的高温风险预警服务。三个等级风险分别为:Ⅲ级风险,色标为“黄色”,表示一般风险;Ⅱ级风险,色标为“橙色”,表示较大风险;Ⅰ级风险,色标为“红色”,表示严重风险。

8.2.4.5 大雾阈值指标配置

根据服务企业用户所在位置，就近选择自动气象站能见度数据，分三个等级风险设定大雾阈值指标，为企业用户提供定制化的大雾风险预警服务。三个等级风险分别为：Ⅲ级风险，色标为"黄色"，表示一般风险；Ⅱ级风险，色标为"橙色"，表示较大风险；Ⅰ级风险，色标为"红色"，表示严重风险。

8.2.4.6 雷电阈值指标配置

根据服务企业用户所在位置，选择实时雷达回波强度数据、电场强度数据、闪电定位数据，分三个等级风险设定雷电阈值指标，为企业用户提供定制化的雷电风险预警服务。三个等级风险分别为：Ⅲ级风险，色标为"黄色"，表示一般风险；Ⅱ级风险，色标为"橙色"，表示较大风险；Ⅰ级风险，色标为"红色"，表示严重风险。

8.2.4.7 雷达回波图

以企业用户所在位置为中心，设定雷达回波警戒范围，可以设定一个或多个警戒范围。基于雷达回波强度数据，识别雷达强回波发生区域、移动方向、移动速度，判断出靠近警戒范围或进入警戒范围的雷达回波。

8.2.4.8 台风路径图

以企业用户所在位置为中心，可配置台风警戒范围，可以设定一个或多个警戒范围。基于台风定位数据、自动气象站观测数据，计算企业用户与台风中心的最近距离、距离企业最近的时间、风雨开始影响的时间、风雨影响持续时间、风雨影响预测等；提供台风的位置信息、强度信息、路径趋势信息、路径图、风雨影响时序图等。

8.2.5 预警信息推送管理

8.2.5.1 消息推送规则

基于企业、企业内对象的气象灾害风险阈值指标预警配置，达到气象灾害风险阈值指标后，气象服务管理平台自动调用企业应急预案配置的联系人、通过指定的消息推送渠道推送气象灾害风险预警消息。

8.2.5.2 消息到达确认

当气象灾害风险预警推送后，同时在计算机桌面 Web 版界面、手机微信 Web 版界面出现到达确认功能的信息框；捕获并返回用户点击"确认"的操作，管理系统在收到到达确认的反馈信息后，认为该消息已经送达。

8.2.5.3 推送渠道

气象服务管理平台主要服务渠道基于 HTML5 技术的计算机桌面 WEB 版页面、手机微信 WEB 版页面实现，同时为了满足多渠道消息推送的需求，可提供多种渠道接口的数据对接。每个服务渠道作为一个可插拔模块，可灵活扩展服务渠道。

8.2.5.4 手机短信

基于运营商（电信、移动、联通）提供的手机短信服务接口，气象服务管理平台自动将灾害天气风险预警消息发送给不同分组的责任联系人。

8.2.5.5 页面提醒

桌面版页面、微信端页面可同时收到消息提醒，并采用合理的页面交互方式，以醒目的方式提醒风险预警消息，并关联显示应急响应内容。

8.2.5.6 语音外呼

与广东省突发信息预警发布平台或其他平台的语音外呼接口对接，提供风险预警提醒消息或其他推送内容的语音外呼。

8.2.5.7 微信群机器人

基于 Windows 自动化技术，自动向不同的微信群发送预警信息。

8.2.6 服务质量管理

气象服务质量管理包括气象灾害风险预警发布情况、预报准确率统计、发布渠道监控等（图 8.6）。

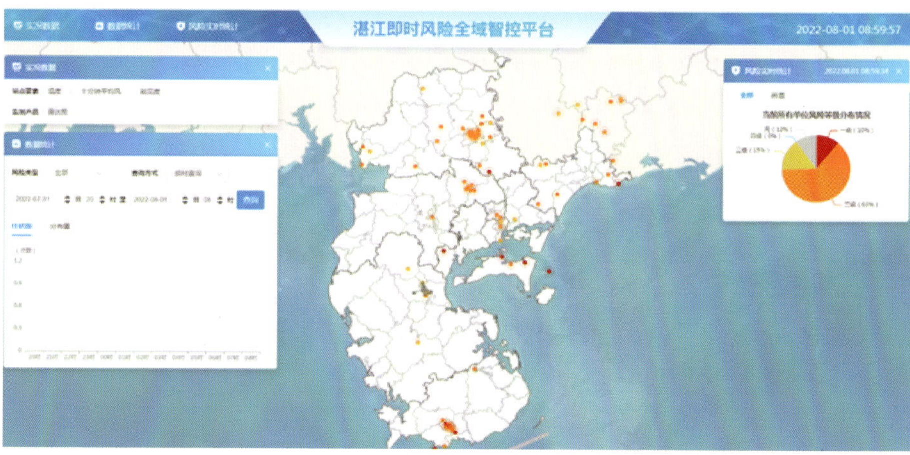

图 8.6 气象服务质量控制模块

8.2.6.1 风险预警发送统计

记录气象灾害风险预警的发送日志，包括发送时间、风险类型、发送渠道、发送内容、到达反馈时间等信息。

统计气象灾害风险预警的发送情况，包括分时段（如全年、分月）统计、发送渠道、风险类型进行统计。

8.2.6.2　预报质量监控

针对预报类的服务产品，可以设置预报质量考核站点，系统基于站点实况数据，实时与相同预报时次的预报数据进行对比。配置偏差阈值。当发现实况数据与预报数据的偏差超过阈值时，提醒预报员修改预报。

8.2.6.3　服务渠道监控

监控服务渠道的可用性，通过主动与被动监控相结合的方式对不同渠道的可用性分别监控。当发现服务渠道异常时，记录日志并提醒。服务渠道的状态包括：正常、已恢复但有漏发信息、故障。

8.2.6.4　风险预警反馈管理

对发出的气象灾害风险预警建立反馈收集与信息上诉机制。反馈收集机制主要针对各服务渠道的发送结果，进行到达确认。到达确认的操作捕获由企业版模块完成。气象服务管理平台根据到达确认的结果，执行相关触发任务（图 8.7）。

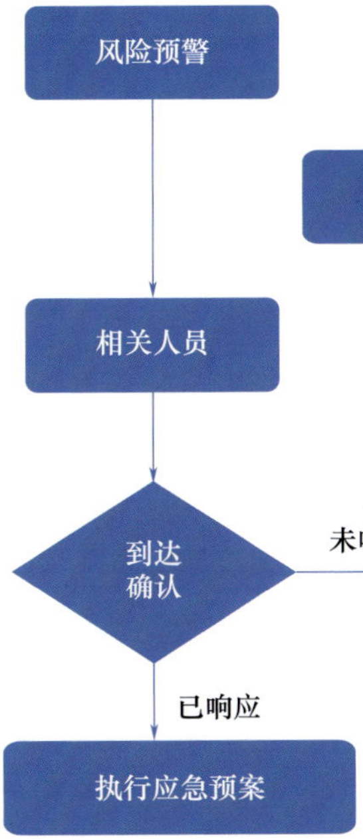

图 8.7　气象灾害风险预警反馈示意

8.3　企业气象服务平台

企业气象服务平台是企业用户获取气象服务产品的客户端平台，把气象服务管理平台处理的天气预报、预警信息直接推送给企业用户，包括电脑桌面 Web 版和手机微信 Web 版，桌面 Web 版和微信 Web 版无缝对接。企业值班人员可通过电脑桌面 Web 版获取全面的气象服务信息，并利用基于 WebGIS 辅助分析工具进行气象风险应急决策，也可通过微信 Web 版随时、随地获取气象服务信息。

企业气象服务平台定点为企业用户提供常规气象服务和气象灾害风险服务(图 8.8)。常规气象服务包括：天气实况服务、定点预报服务、气象要素统计服务；气象风险服务包括：气象风险预警提醒、应急预案管理服。

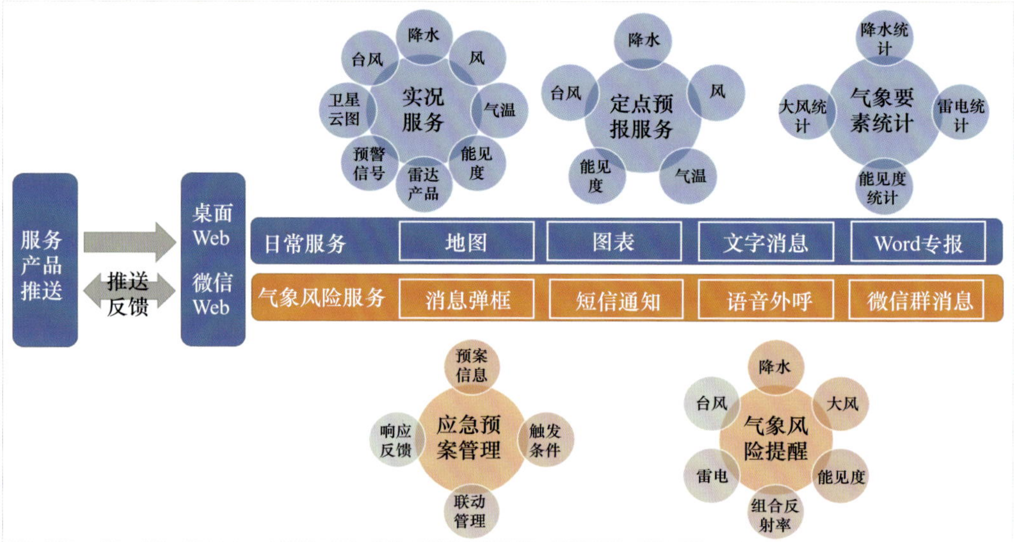

图 8.8　企业气象服务平台功能框图

8.3.1　服务平台登陆

企业气象服务平台电脑桌面 Web 版登录，在浏览器输入地址，按提示，输入账户、用户名称、密码等，即可以登录(图 8.9)。

8.3.2　服务平台主界面

企业气象服务平台完成登录后，主页面(图 8.10)默认显示内容包括：项目栏左边为企业项目名称，右边为帮助、退出、日期时间等；主页中间区为以企业为中心的雷达回波图，左上角为工具箱，左下角为雷达回波图强度色标及动画时间，右上角为天气实况显示窗口或即时风险预警窗口，右下角为短临风险预警或 7 d 风险预测。

8.3.3　服务平台工具箱

企业用户可以通过工具箱选择需要浏览的气象服务产品或查询气象实况要素资料。工具箱主要包括：观测产品、实况要素、预报产品、预警产品等。

图 8.9 企业服务系统电脑桌面 WEB 版登录界面

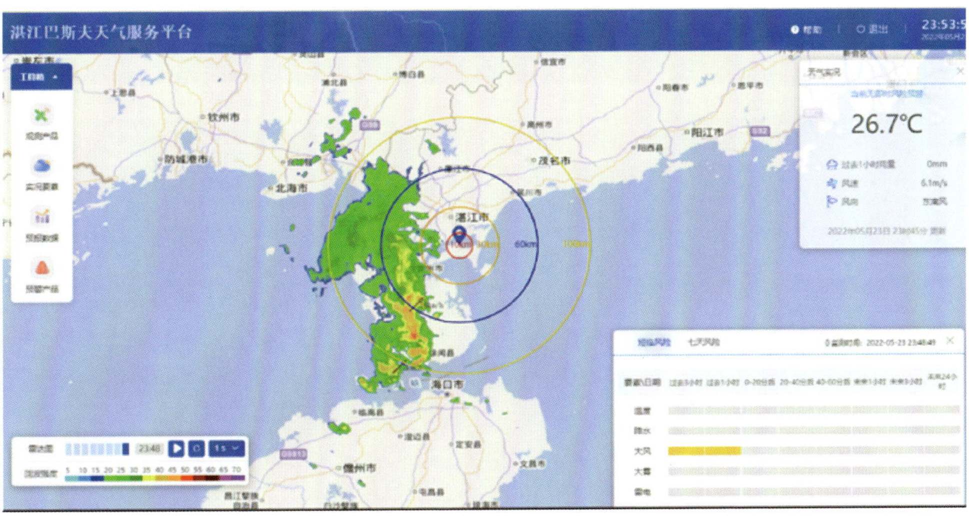

图 8.10 企业气象服务平台主界面

8.3.3.1 观测产品

观测产品主要有雷达回波图、卫星云图、雷电定位图、台风路径图、天气实况、电场监测、闪电统计等。

(1)雷达回波图

雷达回波图以企业所在位置为中心设定距离圈(10 km、30 km、60 km、100 km),显示实时回波强度、移动方向、移动速度等信息,可以连续进行 10 张雷达回波图动画,企业用户可以比较方便预估降雨区的变化情况(图 8.11)。

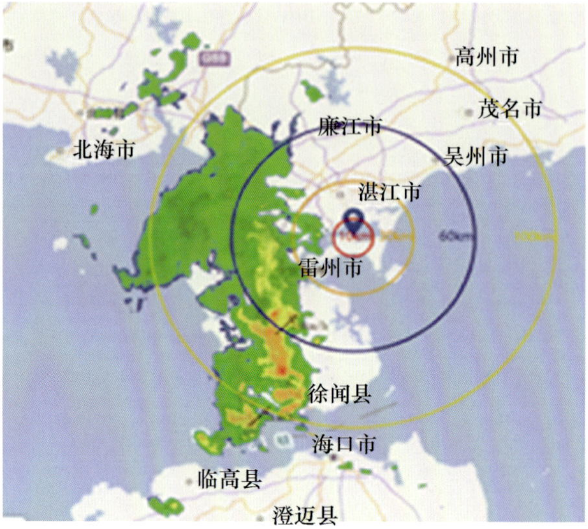

图 8.11　雷达回波展示

(2)卫星云图

卫星云图显示实时风云二号红外遥感云图,可以连续进行 10 张云图动画(图 8.12)。

图 8.12　卫星云图展示

(3)台风路径图

台风路径图展示了台风实况、台风趋势预报、针对企业用户定点精细预报等信息。

台风实况信息包括:中心经纬度信息、强度、移动速度、移动方向、7 级大风半径、10 级大风半径、12 级大风半径等。

台风趋势预报包括:24 h、48 h、72 h 的台风变化趋势预报。

针对企业用户定点精细预报包括:台风影响企业用户的最近距离以及时间,台风影响企业用户的大风风速随时间变化曲线(开始影响的时间、最大风速、影响结束时间等)。企业用户可以很直观地掌握台风的动态以及对企业的影响,及时做出防御部署(图 8.13)。

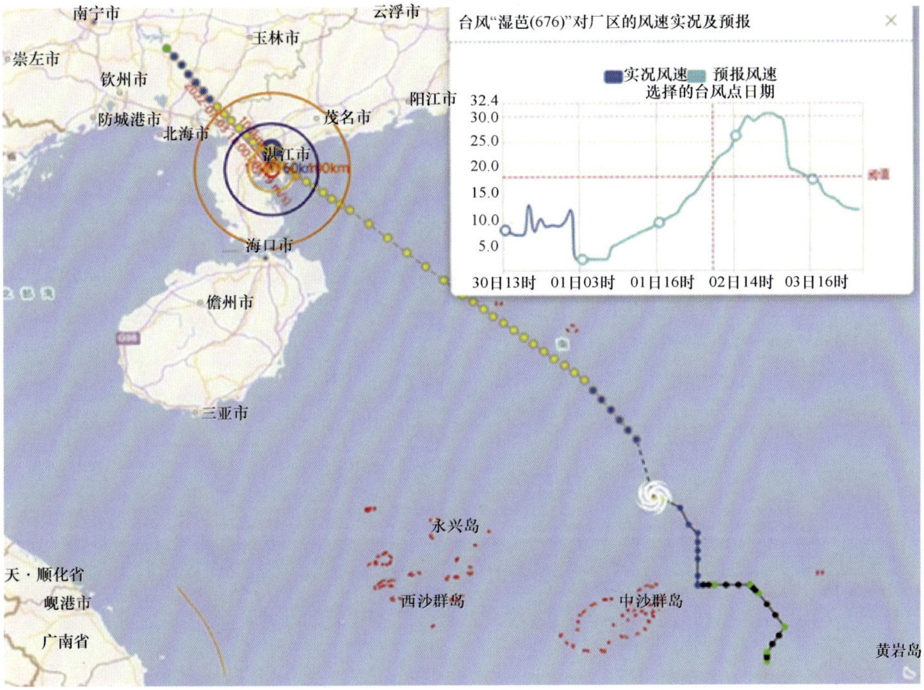

图 8.13　2204 号台风"暹巴"对某企业影响的大风预报曲线

(4)雷电监测

雷电监测展示闪电实时定位产品。

(5)电场监测

电场监测主要是展示实时分钟级(或秒级)大气电场的变化情况,主要是针对安装了大气电场仪的易燃易爆企业用户(图 8.14)。

8.3.3.2　实况要素

气象实况要素主要包括:气温、平均风速、极大风速、气压、能见度、小时雨量等,企业用户根据需要选择查询,查询的气象要素可以叠加在 WebGIS 地图上,也可以形成图表(气温、降雨、风速)显示(图 8.15)。

8.3.3.3　预报产品

预报产品是企业用户所在地定点的精细化天气预报,每天更新四次,主要包括:24 h 预报、72 h 预报。24 h 预报包括气温、降雨、风向、风速、能见度等气象要素的逐小时预报;72 h 预报包括气温、降雨等气象要素的逐 12 h 预报(图 8.16)。

图 8.14　某企业的大气电场监测

图 8.15　某企业实况气象要素查询

8.3.3.4　风险预警产品

气象灾害风险预警产品是主动向企业用户推送的气象灾害风险预警信息，并提醒企业用户依据气象灾害风险预警信息启动相应的应急预案或提供给企业用户相应的气象灾害防御指引。气象灾害风险预警信息按危险程度划分三个等级：Ⅲ级，

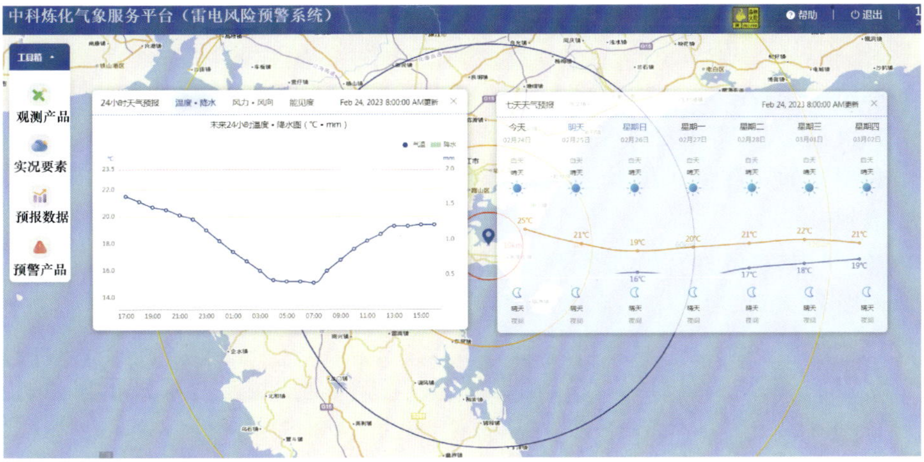

图 8.16　某企业的预报产品

对应色标为黄色，表示一般风险；Ⅱ级，对应色标为橙色，表示较大风险；Ⅰ级，对应色标为红色，表示严重风险。

气象灾害风险预警产品主要包括：即时风险预警报、短临风险预警、7 d 风险预测（图 8.17）。

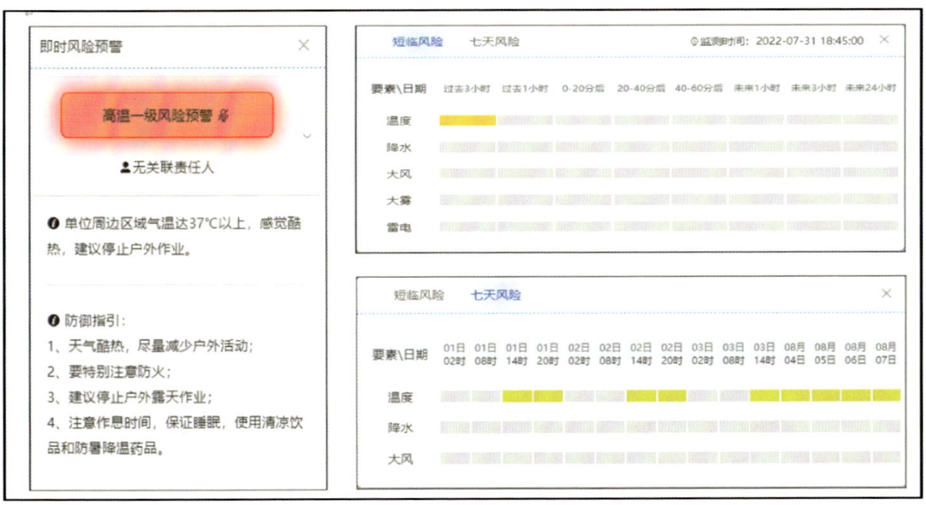

图 8.17　某企业的高温风险预警情况

（1）即时风险预警

即时风险预警是向企业用户推送大风、暴雨、雷电、高温、大雾等五种气象灾害的预警信息，其中大风、暴雨、雷电等三种气象灾害风险预警一般提前 30 min。预警信息包括气象灾害类别、等级、量级、持续时间、防御建议等信息。如，暴雨Ⅲ级预警，预计未来 30 min 左右该单位区域将出现强降雨，降雨量为 60～70 mm，持续时间约 2 h,请注意防御。

(2)短临风险预警

短临风险预警是通过“色块”(黄色、橙色、红色)向企业用户直观显示大风、暴雨、雷电、高温、大雾等五种气象灾害的风险预警情况,每个“色块”有对应的数值,表示该气象要素的实测值或预报值;各气象要素单位,温度:℃,大雾:km,降水:mm,雷电:次,大风:m/s。

大风、暴雨、雷电、高温、大雾等五种气象灾害短临风险预警包括:过去 3 h、过去 1 h、未来逐 20 min、未来 1 h、未来 24 h 等的预警情况。

(3)7 d 风险预测

7 d 风险预测是通过“色块”(黄色、橙色、红色)向企业用户直观显示大风、暴雨、高温等三种气象灾害的风险预测情况,每个“色块”有对应的数值,表示该气象要素的预报值;各气象要素单位,温度:℃,降水:mm,大风:m/s。

大风、暴雨、高温等三种气象灾害 7 d 风险预测包括:未来 1～3 d 逐 6 h 风险预测,未来 4～7 d 气逐 24 h 风险预测。

8.3.3.5 企业气象服务平台手机微信 WEB 版

企业气象服务平台手机微信 WEB 版是通过手机向企业用户推送气象服务产品,更方便企业用户主动、随时、快捷获取气象信息。手机微信 WEB 版与电脑桌面 WEB 的主要气象服务产品是一致的,只是登录形式不一样,企业用户通过关注“湛江气象信息服务”公众号,然后按照提示步骤注册就是可以使用了(图 8.18)。

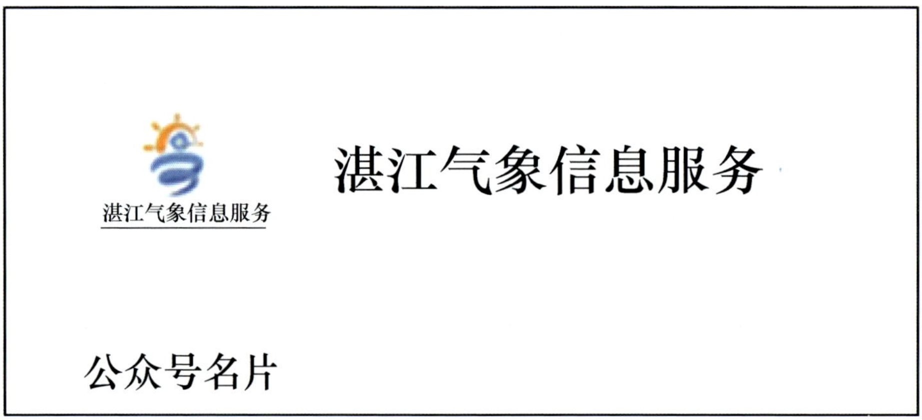

图 8.18 湛江气象信息服务公众号

参考文献

毕凯,2020. Python 在大气与环境科学中的应用[M]. 北京:气象出版社.